$v = gt$

$s = \frac{g}{2}t^2 = h$　　$t = \sqrt{\frac{2h}{g}}$

$v_{h0}\sqrt{\frac{2h}{g}} = d$ horizontal dist.

Initial horiz. vel

$v_{h0} = d\sqrt{\frac{g}{2h}} = 10\sqrt{\frac{9.8}{2\times 3}} = 10\sqrt{1.633}$

$= 12.77$

$mv = F\tau$　Impulse

▲寅彦が書いたメモ（高知県立文学館所蔵）
（昭和7年12月13日と15日、以下は翻刻、山田功氏の本文解説も参照）

昭和七年（1932）十二月十三日午後宅の藤の実が
著しくはねた。女中ツルの話では一時頃から
四時半頃の間に盛にはね台所のガラス窓
が破れるかと思つたといふ。庭の書斎の
前のも飛んだ。夕方（五時頃？）帰宅した
後にも一つはね、此れは五間余を
距つる居間の障子に衝突した。
十二月十五日朝一つの［注：藤の実の絵］を
取つて火鉢で炙つたが中々割れない
ハサミで中間を切断したら徐々に
はじけた。
図のやうに実の附着して居るＡ点
の側がはじけた。
多分矢のやうにはじける　豆の初速で
矢の方に飛ばされるではないかと
思ふ。
附着点Ａは実一つおきに反対の側に着い
て居る。
水平飛散距離を仮に10ｍと見る
初高ｈを３ｍとする。
（以下数式）

On the Physical mechanism of Expulsion of
Wistaria Seeds.

In the garden belonging to the residence of one of the authors, there are two arbors covered over with wistaria creepers where ~~on Dec. 13, 1932~~ an unusual phenomenon was observed on Dec. 13, last year. (The) dehiscence of the leguminous pods of this plant
expulsion of seeds by the
took place with so remarkable frequency and violence during the afternoon that attention was aroused of the ~~the attention of the~~ members of the residence ~~was~~ who had never experienced such thing before. Some of the seed projected struck a screen placed at about 11 m. from the nearest edge of the bower, at a height of 1 m above the ground, while the ~~pods~~ level at which the wistaria pod are hanging is above 3 m above the ground. It may be estimated that ~~the~~ in absense of the screen, the seed might have flown over a much larger distance than 11 m.

On consulting the Weather Charts ~~of the days~~, it is found that ~~on 12 Dec 1932~~ a remarkable line of D ~~passing through~~ which was longitudinally traversing Japan Sea and bringing abundant precip^n along the J.S. coast on 6 p.m 12th, was completely disappeared at 6 a.m. 13th. and
the normal ~~weather~~ configuration of isobars was resumed

Examining the hourly data of temp and humidity observed at C.M.O., it is remarked that during the early hours of the morning, t is abnormally high and f abnormally low compared with the preceding days. The dryness continued during the whole day f being below 50 % for 1h – 3h and 6h – 17h which is quite exceptional compared with the ~~other~~ days of the month. This extreme low humidity explain the unusual violence of dehiscense.
It is doubtless that a foehn like weather condition reigned on the Kwanto District

▲寅彦の英語論文（共著）の下書き草稿：1枚目（高知県立文学館所蔵）
（完成論文タイトルは「On the Mechanism of Spontaneous Expulsion of Wistaria Seeds. with M. Hirata and T. Utigasaki, *Sci.Pap.Inst.Phys.Chem.Res*. XXI, 233–241, 1933.」

下書きではタイトル冒頭が「On the Physical mechanism of Expulsion…」となっている。）

2

The authors were interested with the physical mechanism of expulsion by mean of which the seeds of this plant are projected to such a distance. Some investigations were made in order to get some closer insight of the mechanism, of which the results may be of some interest for physicist as well as for botanist, though the authors are not at all familiar with botanical literatures(1) concerning the subject.

Phot 1

Photo. Shows the appearance of the pods after the expulsion of the seed. The two halves of the shell are twisted in opposite sense. With continued drying after splitting of the pod, the twist gradually increases. and the total twist may attain 3 times 2π.

If the shell be immersed in water for a few days and then dried up, the twist becomes very remarkable

Photo 2. as shown in photo. 2.

Fig. 1

Fig. 1 Shows schematically the transverse section of the pod across one of the seed.

A I P S B

The splitting of the pod always takes place at the side A, where the seed is attached to the pod by a ligament I., but never at B side. When the slit at A flew open the seed is projected in the direction of the arrow.

The other seeds are attached alternately on opposite sides, so that the adjoining ones are projected to opposite direction.

In order to investigate the statistical distribution of the direction in which the seeds are projected, the following

(1) E. Ulbrich: Biologie der Früchte und Samen, 1928, was consulted, in which was found a description of the structure of leguminous pod probably very similar to that of wistaria.

▲寅彦の英語論文（共著）の下書き草稿：2枚目（高知県立文学館所蔵）

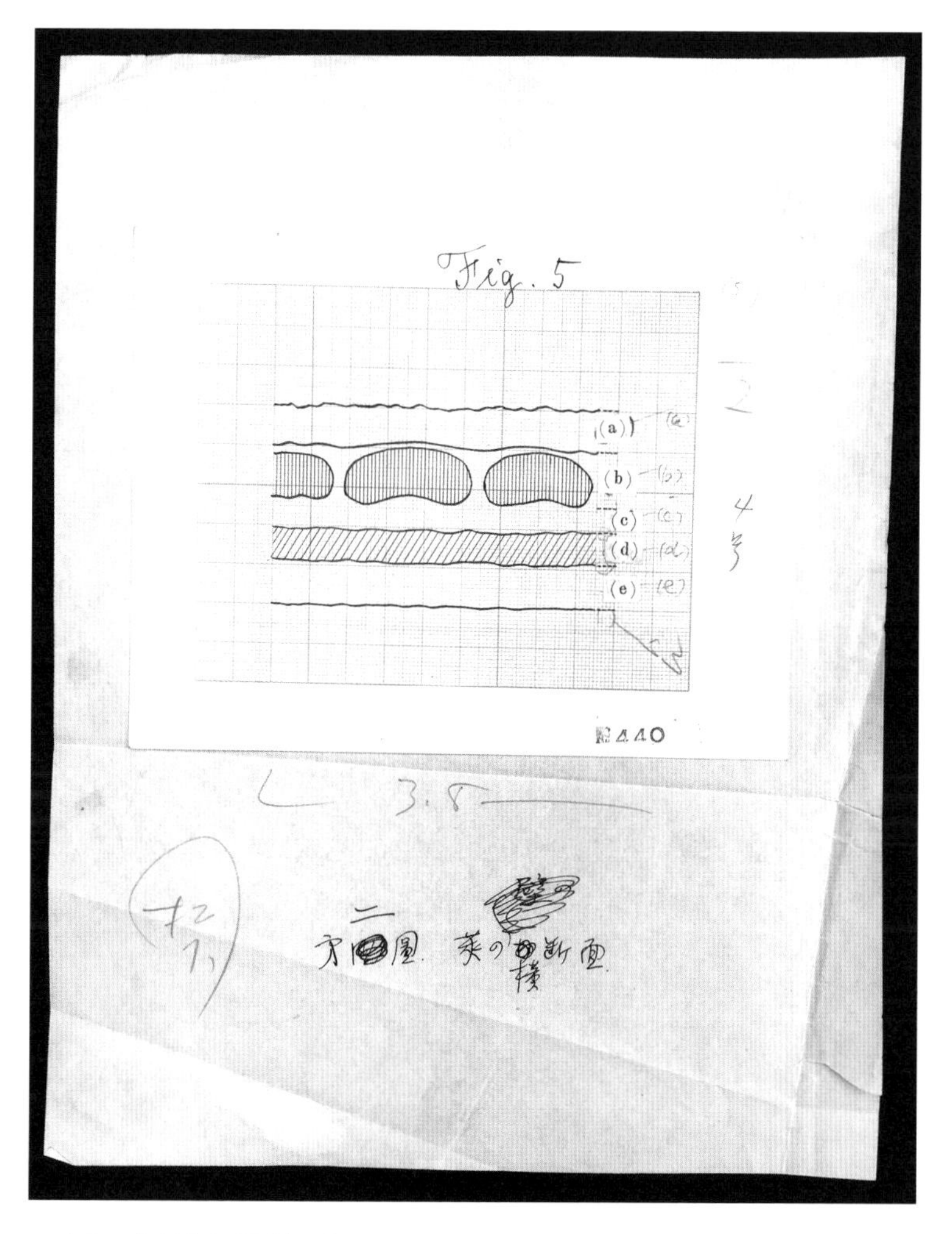

▲寅彦の英語論文(共著)に「Fig. 5.」として掲載された原図(高知県立文学館所蔵)。
平田森三の解説記事(付録参照)では「図2　莢の横断面」として掲載された。

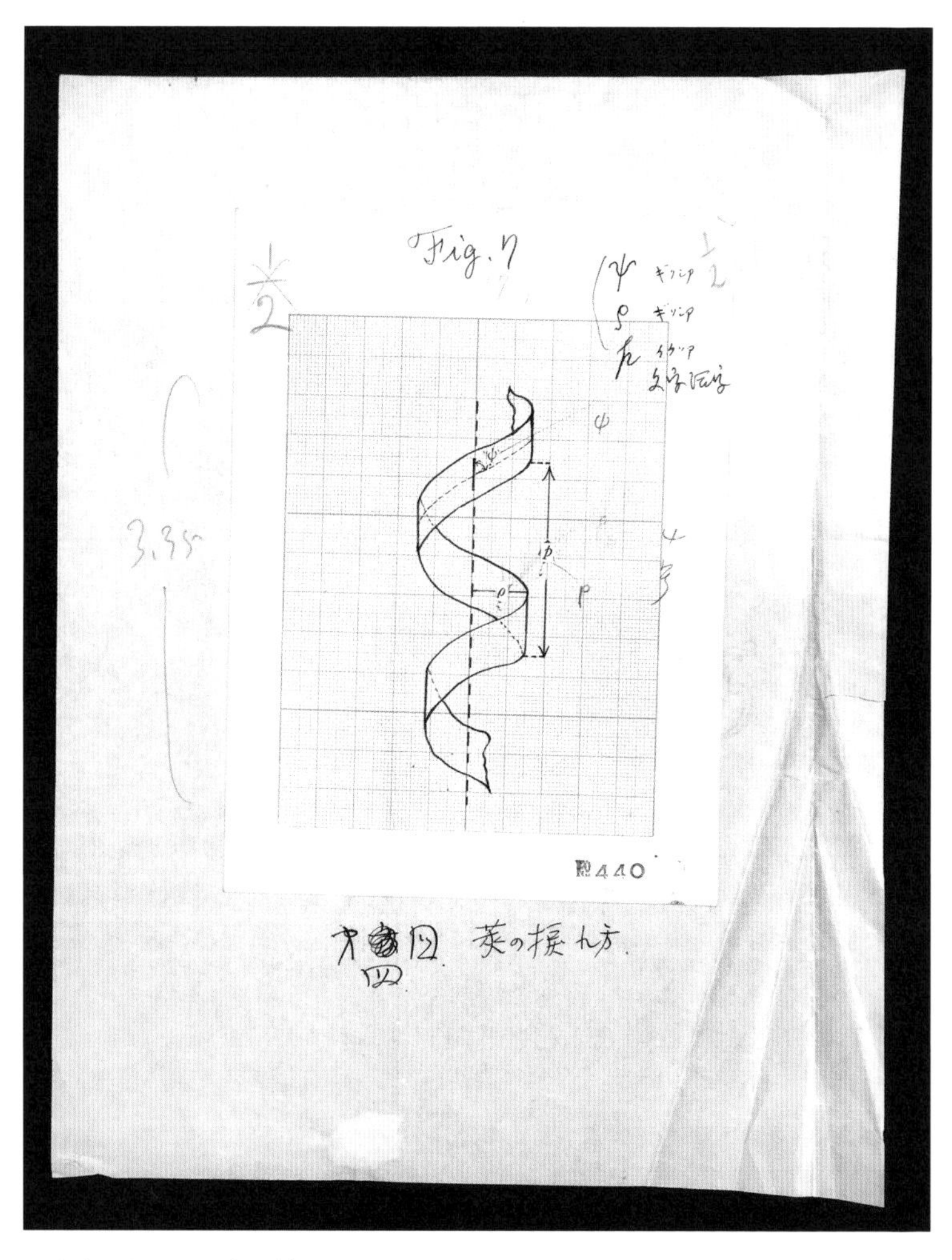

▲寅彦の英語論文（共著）に「Fig. 7.」として掲載された原図（高知県立文学館所蔵）。
平田森三の解説記事（付録参照）では「図4　莢の捩れ方」として掲載された。

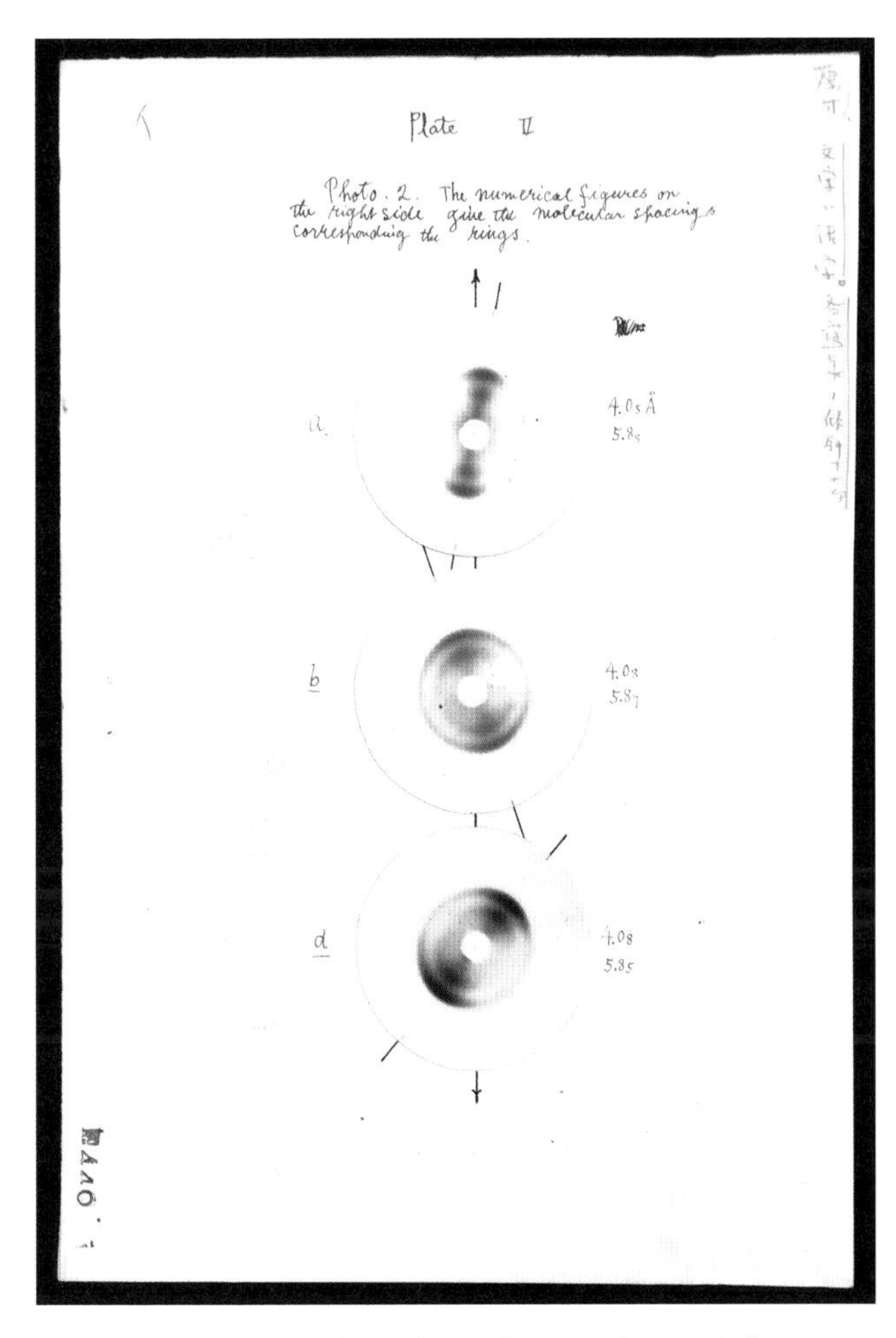

▲寅彦の英語論文（共著）の最終頁に「Photo. 2.」として掲載された写真（高知県立文学館所蔵）。
キャプションは「The numerical figures on the right side give the molecular spacings corresponding the rings.」。

▲白花のフジを盛んに訪花するクマバチ
（写真：福原達人氏提供、工藤 洋氏の本文解説参照）

▲ツバキの花の断面（写真：福原達人氏提供、工藤 洋氏の本文解説参照）。
矢印がめしべの基部にある子房。花弁とおしべ群が一体となって落下する。

▲イチョウの葉（写真：福原達人氏提供、工藤 洋氏の本文解説参照）。
矢印で示される葉柄の基部に離層が形成される。

藤の実がはぜるまでを観察した記録写真
（愛知県春日井市 川口 修宅、撮影者：川口 修、山田 功氏の本文解説を参照）

▲藤の花の蕾（2014年4月13日撮影）

▲藤の花（2014年5月3日撮影）

▲藤の実のでき始め（2014年5月24日撮影）

▲若い藤の実（2014年9月27日撮影）

▲藤の実（2014年12月19日撮影）

▲一日ではぜた藤の実の一部（3回目、23個、2014年1月29日 午後9時12分）

▲藤の実のはぜた瞬間（2015年3月26日 午後5時46分）
莢とタネはそれぞれ赤い円で囲ってある。

▲藤の実のはぜた瞬間（室内、2015年4月23日 午後5時40分）
莢とタネはそれぞれ赤い円で囲ってある。

寺田寅彦「藤の実」を読む

山田功・工藤洋・
松下貢・川島禎子

窮理舎

NIKAI no Tesuri ni Huton wo hoseba
Ame no nai Rokugwatu no Kaze kaoru
Hudidana no Hudi wa Mi ni natte
Kyonen no Kingyo mo Inoti aratani
Suiren no Hakage ni Uroko no Hikari.

(ROKUGWATU NO HARE 1)

二階の欄干(てすり)に蒲団を干せば
雨のない六月の風薫る
藤棚の藤は実になって
去年の金魚も生命(いのち)あらたに
睡蓮の葉陰に鱗の光

(寺田寅彦「六月の晴　一」より)

まえがき

本書で取り上げる随筆「藤の実」の著者・寺田寅彦（一八七八―一九三五）は一般には随筆家として有名であり、文豪夏目漱石の弟子としてその周辺を彩った一人であることもよく知られている。実際、漱石の『吾輩は猫である』に登場する水島寒月や『三四郎』の野々宮宗八理学士は寅彦がモデルだと言われている。寅彦が熊本の第五高等学校で学生として教師の漱石に出会って以来その死に至るまで、俳句や文学のみならず文化的なこと全般について人生の師として仰ぎ、敬愛してやまなかった。このことは、漱石を話題にした寅彦のいくつかの随筆から察することができる。

寅彦は一般には名随筆家として知られているのであるが、彼の本職は東京帝国大学理学部物理学科の教授であり、理化学研究所などの所員も兼務していた。本職のほうでも寅彦は非常にユニークで、誰もが常日頃見ていながらも科学的には見過ごしてしまうようなごく日常的な現象に鋭い分析の目を注いで、数々の科学的な成果を挙げた研究者であった。その一方で、寅彦は美しくて端正な、わかりやすい日本語の随筆を数多く書き上げてきたのである。彼の随筆のテーマは自然、社会、文学、科学、日常生活の諸断面など、多岐にわたる。これは寅彦が物理学者であるとともに、漱石の影響を深く受

けたせいかもしれないが、決してそれだけではない。

　物理学の主流は何か不思議なことがあると、物にしろ現象にしろ、できるだけ単純な部分にバラバラに分けて、それらのうちの重要と思われる部分だけを取り出して詳しく分析するという手法をとる。これは「要素還元主義」と呼ばれ、これによってこれまで数々の成果が上げられて現代の科学が出来上がってきたことは間違いない。この伝統的なアプローチは二十世紀の終盤ともなると何かと批判されることが多くなったが、寅彦の時代には西欧科学の取入れに忙しく、全くの正統であった。

　私たちはミロのヴィーナス像やモネの睡蓮の絵を目の前にすると、その美しさにすっかり魅了される。だからと言ってヴィーナス像の美しさを調べるためにそれをバラバラにすると、大理石のかけらになるだけである。それを詳しく分析したからといって、その結果はヴィーナス像の美しさとは何の関係もない。そんなことは芸術作品だからだと思われるかもしれないが、山並みや雲の美しさについても同じであって、木々や川の枝分かれ、三陸海岸のようなリアス式海岸線の不思議な曲がり具合など、自然界にはバラバラにしては全く意味を成さないものがたくさんある。私たちヒトを含めて生き物はその典型例であり、個体といっても実は全体として機能するシステムにほかならない。

　このように、いろいろな要素がお互いに強く関係し合ってまとまっているような系を現在では複雑系と呼び、複雑系ではバラバラにしては何の意味もなくなる。逆に言うと、バラバラにした要素の性質からは全く予想もできないようなコトやモノが系全体の中から自発的に現れてくることがある。寅彦は、自然界には西欧科学的・要素還元主義的な手法では捉えることのできない、しかし、科学的には依然として興味深くかつ重要な現象が多々あることをはっきりと認識し、それらの科学的な理解

に傾注するようになっていったのである。

寅彦の科学の特徴は、複雑系の不安定で統計的な現象に注目しているという点であろう。今では珍しくなったが当時は誰もが親しんでいた金米糖の角のでき方に関する彼の考察は、現代物理学の諸分野に今も息づいている。西欧的な要素還元主義の視点では単に複雑なだけと思われがちな現象にも、統計的な手法を適用すれば本質に迫ることができることを彼は直観していたのである。わからないことがあればどこまでも細かく分解し縦方向的に分析するという単純な方法論に基づく従来の物理学に対して、寅彦は横方向のつながりの重要性に気づき、それを科学にすることを目指したということもできる。

寅彦のこのような研究は「寺田物理学」と呼ばれたが、物理学の世界ではそれはあまりにも早過ぎる試みであった。要素還元主義的手法しか眼中にない一部の科学者たちからは、複雑な現象に注目しているというだけで批判的に見られ、前近代的とさえ言われたこともあるという。しかし、このような傾向は一九七〇年代、寅彦の死後四十年近くしてすっかり様変わりする。非平衡開放系の物理学や化学、カオス、フラクタル、より広く非線形科学が世界的に研究されるようになり、それを基礎にして本格的に複雑系の現象が注目されるようになったためである。

このように、寅彦が生み出し植え付けた複雑系科学の芽がようやく世界的に育ち始めている。彼は時代にはるかに先駆けた素晴らしい科学者だったのであり、現代に蘇って「複雑系科学の父」と呼ばれるにふさわしい。それとともに寅彦は稀有の名随筆家でもあり、自然科学と人文科学という二つの文化の融合を体現したということができる。

寅彦の数多くある随筆の中で、本書で取り上げるのは「藤の実」である。自宅で藤の実が乾燥してはじけたのに遭遇して、そのはじけの強さに驚き、好奇心の赴くままにその機構を解明するべく弟子たちと研究を始める。その結果は本書に付録として収録した平田森三「藤の莢の不思議な仕掛」で知ることができる。

しかし、寅彦のこの随筆の趣旨は、自然界や日常生活で引き続いて起きるいろいろな現象や事件が偶然なのか必然なのかという率直な疑問の提起である。寅彦は藤の実が乾燥してはじける際に、ぴしっとはじけるその強さに驚いただけでなく、意外にも別々の莢があたかも申し合わせたようにほぼ同時にはじけることに興味をもつ。

もし莢たちが何らかの仕掛けで「申し合わせた」のなら、ほぼ同時にはじけるのは偶然ではなくて必然となる。しかし普通に考えると、莢たちがそろそろはじけそうな天候に恵まれていたとしても、別々の莢はそれぞれ独立に、偶然にはじけてもよく、その方が自然だとも考えられる。これと同じように、風もないのに銀杏の葉が、同期するように一斉に落下するのを目撃したと報告している。これらはまさしく、偶然か必然かの問題である。

自然現象だけでなく私たちの日常生活においても、いったん何かが起こると、似たようなことが立て続けに起こることがある。たとえば、かつて観光バスが立て続けに事故を起こしたというニュースがあったし、身内の不幸が短期間に頻発したという経験をお持ちの方もいるであろう。これらのことが次々に起こったのは単なる偶然に過ぎないのか、それとも何かまだわかっていない理由が背後にあって、起こるべくして必然的に起こったことなのかという疑問がわく。寅彦は、世にいう「悪日」

や「三隣亡」なども今は迷信として片付けられているけれども、将来、科学的に説明されるかもしれないと、この随筆を結んでいる。

本書ではまず寺田寅彦の随筆「藤の実」が再録される。これには細川光洋氏による懇切丁寧な注釈が付く。そのあとに、山田功氏による随筆「藤の実」の非常に詳しい解説が続く。これを一読後に再び「藤の実」を読むと、いろいろな状況が手に取るようにわかり、一層興味深く味わうことができるであろう。

続いて、この「まえがき」の筆者（松下）は、この随筆の趣旨である偶然と必然の問題を論考する。特に、寅彦が興味深く取り上げている銀杏の一斉落葉について、関連する現象も含めて現代科学の立場から詳しく議論する。次に工藤洋氏は随筆「藤の実」に記されている藤の実のはじけ、椿の落花、銀杏の落葉を植物学の立場から詳しく解説する。これらの現象を一口に同期といっても、植物学の視点ではそれほど単純ではない。しかし、ことを偶然と片付けるのもうなずけない。寅彦の随筆を読むことで、かえって自然科学の基礎とはなんであるかを考えさせられるという。

右にも記したように、夏目漱石はかつて熊本にあった旧制の第五高等学校（通称「五高」）に英語の教師として赴任しており、俳句に関してもすでに一家をなしていた。その五高に入学した寅彦は漱石に師事して以来、俳句に深く関わってきた。そして晩年近く、俳諧連句に携わるようになった。寅彦は映画評論も数多く記しているが、その多くは俳諧連句を基に当時の映画を評している。川島禎子氏は、この寅彦の俳諧連句観を通して随筆「藤の実」を読むと、それがどのように見えるかを詳

しく解説する。

本書にはさらに、随筆「藤の実」に取り上げられている藤の実のはじけに関して、右にすでに記した平田森三による解説、銀杏などの落葉を取り上げた寅彦の随筆「破片（抄）」、三女の怪我による入院の状況を記した「雪子の日記」、またその怪我に想を巡らした随筆「鎖骨」を参考として収録してある。これらにも目を通すと、随筆「藤の実」は一層味わい深いものになるであろう。

寅彦の随筆は本書で取り上げた「藤の実」に限らずどれをとっても、科学に詳しい読者であれ、文学に親しんでいる人であれ、ともに深く楽しく味わうことができるというのが特徴である。これまで寅彦の随筆にそれほど親しんでおられない読者には、本書の読了を機会にぜひとも彼の数々の名随筆に目を向けられることを心より願っている。また、寅彦にすでになじみのある読者諸賢には、本書読了を機会に寅彦の他の随筆のより一層の深読みに挑戦されることを期待する次第である。

最後になるが、本書のような書物はその企画と編集が生命である。その労をすべて引き受けられ、完成にまでこぎつけられた編集者・伊崎修通氏に著者を代表して心から感謝したいと思う。

二〇二一年秋

著者代表　松下　貢

目次

付録

装丁 奥定泰之

藤の実

吉村冬彦（寺田寅彦）

[*1]昭和七年十二月十三日の夕方帰宅して、居間の机の前へ座ると同時に、ぴしりという音がして何か座右の障子にぶつかったものがある。子供が悪戯（いたずら）に小石でも投げたかと思ったが、そうではなくて、それは庭の藤棚の藤豆がはねてその実の一つが飛んで来たのであった。[*2]宅のものの話によると、今日の午後一時過ぎから四時過ぎ頃迄の間に頻繁にはじけ、それが庭の[*3]藤も台所の前のも両方申合わせたようにはじけたということであった。台所の方のは、[*4]一間（けん）位を距（へだ）てた[*5]障子の硝子（ガラス）に衝突する音が中々烈（はげ）しくて、今にも硝子が破れるかと思ったそうである。自分の帰宅早々経験したものは、其の日の爆発の最後のものであったらしい。

　此の日に限って、こう迄眼立って沢山に一せいにはじけたというのは、数日来の晴天で好い加減乾燥して居たのが、[*6]此の日更に特別な好晴で湿度の低下した為に、多数の実が略（ほぼ）一様な極限の乾燥度に達した為であろうと思われた。

　それにしても、此れ程猛烈な勢いで豆を飛ばせるというのは驚くべきことである。書斎の軒の藤棚から居室の障子迄は最短距離にしても[*7]五間はある。それで、[*8]地上三メートルの高さから水平に発射されたとして十メートルの距離に於いて地上一メートルの点で障子に衝突したとすれば、空気の抵抗を除外しても、少なくも毎秒十メートル以上の初速をもって発射されたとしなければ勘定が合わない。あの一見枯死しているような豆の鞘（さや）の中に、それ程の大きな原動力が潜んで居ようとは一寸（ちょっと）予想しないことであった。此の一夕の偶然の観察が動機となって段々此の藤豆のは

じける機巧を研究して見ると、[*9]実に驚くべき事実が続々と発見されるのである。併し此等の事実に就いては他日[*10]適当な機会に適当な場所で報告し度いと思う。

それは兎に角、此のように植物界の現象にも矢張(やはり)一種の「潮時」とでも云ったようなもののあることは此れ迄にも度々気付いたことであった。例えば、春季に庭前の[*11]椿の花の落ちるのでも、或る夜の中(うち)に風もないのに沢山一時に落ちることもあれば、又、風があってもちっとも落ちない晩もある。この現象が統計的型式から見て、所謂(いわゆる)[*12]地震群の生起とよく似たものであることは、既に[*13]他の場所で報告したことがあった。

もう一つよく似た現象としては、銀杏(いちょう)の葉の落ち方が注意される。自分の関係して居る[*14]或る研究所の居室の窓外に此の樹の大木の梢が見えるが、此れが一様に黄葉して、それに晴天の強い日光が降り注ぐと、室内までが黄金色に輝き渡る位である。秋が深くなると、其の黄葉が何時(いつ)の間にか落ちて梢が次第に淋しくなって行くのであるが、併し其の「散り方」がどうであるかについては去年の秋迄別に注意もしないで居た。ところが去年の或る日の午後何の気なしに此の樹の梢を眺めて居たとき、殆(ほとん)ど突然に恰(あたか)も一度に切って散らしたように沢山の葉が落ち始めた。驚いて見て居ると、それから[*15]十余間を距てた小さな銀杏も同様に落葉を始めた、丸で申合わせたように濃密な黄金色の雪を降らせるのであった。不思議なことには、殆ど風という程の風もない、というのは落ちる葉の流れが殆ど垂直に近く落下して樹枝の間を潜り潜り脚下に落ちかかっているこ

とで明白であった。何だか少し物凄いような気持ちがした。何かしら眼に見えぬ怪物が樹々を揺さぶりでもして居るか、或いは何処(どこ)かでスウィッチを切って電磁石から鉄製の黄葉を一斉に落下させたとでもいったような感じがするのであった。ところが又、今年の十一月二十六日の午後、[16]京都大学のN博士と連立って上野の清水堂(きよみずどう)の近くを歩いて居たら、[17]堂の脇にあるあの大木の銀杏が、突然に一斉の落葉を始めて、約一分位の間、沢山の葉をふり落した後に再び静穏に復した。其の時も殆ど風らしい風はなくて落葉は少しばかり横に靡(なび)く位であった。N博士も始めて此の現象を見たと云って、面白がり又喜びもしたことであった。

[18]此の現象の生物学的機巧については吾々物理学の学徒には想像もつかない。併し葉という物質が枝という物質から脱落する際には兎も角も一種の物理学的の現象が発現している事も確実である。此のことは吾々に色々な問題を暗示し、又色々の実験的研究を示唆する。若しも植物学者と物理学者と共同して研究することが出来たら案外面白いことにならないとも限らないと思うのである。

此れとは又全く縁もゆかりもない話ではあるが、[19]先日宅の子供が階段から落ちて怪我をした。それで、近所の医師の[20]M博士に来て貰ったら、丁度同じ日にM氏の子供が学校の帰りに道路で転んで鼻頭をすりむきおまけに鼻血を出したという事であった。それから二三日たってから、宅の他の子供がデパートでハンドバックを掏摸(すり)にすられた。そうして電車停留場の安全地帯に立って

居たら、通りかかったトラックの荷物を引掛けられて上衣に鍵裂（かぎざき）をこしらえた。其の同日に宅の女中が電車の中へ大事の包みを置き忘れて来たのである。此等は現在の科学の立場から見れば丸で問題にもなにもならないことで全く偶然といってしまうより外はないことである。併し、此れが偶然であると云えば、銀杏の落葉も矢張偶然であり、藤豆のはじけるのも偶然であるのかも知れない。又此等が偶然でないとすれば、前記の人事も全くの偶然ではないかも知れないと思われる。少なくも、宅に取込事のある場合に家内の人々の精神状態が平常といくらかちがうことは可能であろう。

[*21]年末から新年へかけて新聞紙でよく名士の訃音（ふいん）が頻繁に報ぜられることがある。インフルエンザの流行して居る時だと、それが簡単に説明されるような気のすることもある。しかしそう簡単に説明されない場合もある。

四五月頃全国の各所で殆ど同時に山火事が突発することがある。一日の中に九州から奥羽へかけて十数箇所に山火事の起る事は決して珍しくない。こういう場合は、大抵顕著な[*22]不連続線が日本海から太平洋へ向って進行の途中に[*23]本州島弧を通過する場合であることは、[*24]統計的研究の結果から明らかになったことである。「日が悪い」という漠然とした「説明」が、此の場合には立派に[*25]科学的の言葉で置換えられるのである。

人間が怪我をしたり、遺失物をしたり、病気が亢進したり或いは飛行機が墜ちたり汽車が衝突

したりする「悪日」[*26]や「さんりんぼう」[*27]も、現在の科学から見れば、単なる迷信[*28]であっても、未来の何時かの科学ではそれが立派に「説明」されることにならないとも限らない。少なくもそうはならないという証明も今のところ中々六かし(むつ)いようである。

（昭和八年二月『鐵塔』、昭和七年十二月十七日脱稿）

※掲載に際して、旧漢字・旧仮名遣いは新字・現代仮名遣いに改めましたが、原文の趣を損なわないように努めました。

藤の実　注釈

＊1　**昭和七年十二月十三日の夕方帰宅して**
注19に後述するように、十二月七日に寅彦の三女雪子氏が階段から転落し、頭を打って右鎖骨を骨折。当時大学病院に入院していた。十二月十三日の午後にはその接合手術が行われ、寅彦は娘の手術を無事終えて帰宅した際に、藤の実の「爆発」に遭遇した。

＊2　**宅のもの**
女中ツル。山田功氏と川島禎子氏の解説を参照。

＊3　**庭の藤も台所の前のも**
曙町の寺田家には、昭和七年三月に作られた藤棚が二つあり、一つは書斎の廊下の外側のベランダの上と、もう一つは台所前の勝手口付近であった。山田功氏の解説に掲載している寺田邸の図面や写真を参照。

＊4　**一間**
約一・八m

＊5　**障子の硝子**
台所流し前のガラス障子。山田功氏の解説に掲載している寅彦が描いた台所の絵を参照。

＊6　**此の日更に特別な好晴で**
昭和七年十二月十三日の天気図は典型的な冬型の気圧配置であった。山田功氏の解説を参照。

＊7　**五間**
約九m。山田功氏の解説に掲載している寺田邸の図面を参照。

＊8　**地上三メートルの高さから…**
寅彦は十二月十五日朝のメモでこの計算をし、射出の初速を求めている。口絵と山田功氏の解説を参照。

＊9　**実に驚くべき事実**
寅彦は、十二月十三日の夕方に藤豆の射出に遭遇して後、十五日と十七日のそれぞれの朝に、藤の実の殻の仕組みや捩れ等をつぶさに検証・確認している。口絵と山田功氏の解説を参照。

＊10　**適当な機会に適当な場所で報告**
寅彦は、理化学研究所学術講演会（昭和八（一九三三）年五月）で、平田森三と内ヶ崎直郎と共著で「藤の

実の射出される物理的機構」を発表している。英論文も理化学研究所彙報で発表。付録の平田森三、および山田功氏、川島禎子氏の解説も参照。

＊11　椿の花の落ちるのでも
寅彦は、同じ年の昭和七年五月二十五日の理化学研究所学術講演会で「椿の花の落ち方に就て」を内ヶ崎直郎と共著で発表している。翌年には英論文も理化学研究所彙報で発表。川島禎子氏の解説も参照。

＊12　地震群の生起
比較的限られた震源域において、断続的に地震が多発することで「群発地震」とも言われる。寅彦の次男正二氏が編集した『とんびと油揚』（ともだち文庫、中央公論社、昭和二二（一九四七）年一一月）の註によると、「地震はある特別な地域を限つて、ある時期に頻発するものである。いはゆる地震帯をなしてゐる所に地塊の運動が起こるためである。」とある。

＊13　他の場所で報告
寅彦は、昭和六（一九三一）年七月、地震研究所談話会で「地震群に就て」を発表している。英論文は地震研究所彙報で発表。山田功氏の解説も参照。

＊14　或る研究所の居室
当時、寅彦が所属していた理化学研究所の研究室のこと。山田功氏と川島禎子氏の解説も参照。

＊15　十余間
約十八m

＊16　京都大学のN博士
昭和七年当時、京都帝国大学理学部地球物理学教室で地球物理学第二講座を担任していた野満隆治（のみつたかはる）教授と思われる。同時期の昭和八年三月十三日付の内田宗義氏宛寅彦書簡には、野満教授の名が散見されることからも、当時の交流が窺える。

＊17　堂の脇にあるあの大木の銀杏
上野の不忍池のほとりにある東叡山寛永寺清水観音堂の十mほど脇の銀杏のこと。清水観音堂は京都の清水寺と同じく、正面が舞台作りとなっている。次頁の二〇二一年現在の銀杏の写真を参照。

＊18　此の現象の生物学的機巧
当時はまだ解明されていなかったアポトーシスapoptosis（プログラムされた細胞死）のこと。工藤洋氏と川島禎子氏の解説を参照。生物学的現象を物

寅彦が見た銀杏は、清水堂正面向かって右側にある。

理学的な視点から考察する姿勢は、大正十年の寅彦作品「春六題」にも見られる。

＊19　先日宅の子供が階段から落ちて怪我をした

寅彦の三女 雪子氏のこと。昭和七年十二月七日、雪子氏は喫茶店の階段から転落して右鎖骨を折る大怪我をし、九日に大学病院に入院した。当時の様子を、寅彦は「雪子の日記」（昭和七年十二月～昭和八年一月）としてスケッチや短歌も交えて詳細に記録している（全集十七巻、本書付録参照）。長男の東一氏へ昭和七年十二月十日付で宛てた書簡によると、「雪子が学院の近くの喫茶店で昼食後二階の階段を下りるとき墜ちて怪我をして一時気を失ひ、帰宅後嘔気が止まず脳の故障が疑はれ大変心配しましたが、大学整形外科主任の高木博士に溝淵さんの御紹介を受けて診て貰ひ九日午後三時に大学医院、整形外科第七室へ入院、其後経過がよくて生命は取止めました」とある。更に同日付で、小宮豊隆、松根東洋城にもそれぞれ絵はがきで知らせており、「雪折れもなくて嬉しき旭哉」の句も添えている。寅彦作品「鎖骨」（付録参照）、「病院風景」、および山田功氏と川島禎子氏の解説も参照。

＊20　M博士

当時の寅彦日記や書簡から、同郷で医師の溝淵忠雄氏と思われる。川島禎子氏の解説も参照。

＊21　年末から新年へかけて…

昭和七年十二月三十日の寅彦日記には「松根母堂今朝病死」とある。松根東洋城の母 敏子は伊達宗城の三女。寅彦自身、この三年後の十二月三十一日に亡くなっている。

＊22　不連続線

現在使われている気象用語の「前線」のこと。寅彦談話「山火事の警戒は不連続線」（昭和七年一月一日『日本消防新聞』）には、「不連続線というのは、

気温に著しい差があり、風の方向と、その方向の両側で正反対の風があり、その上では風が非常に強く、温度と風とが連続しない現象を呈している状態で、三、四月の頃に、なま暖かい南から吹く強い空っ風の時には、不連続線が本土の上に迫って来ているのである。天気図についてこれを観ると、この不連続線のかかっている場合に、山火事が著しく多い。」とある。山田功氏の解説も参照。

＊23　本州島弧
本州、四国、九州、北海道本島、樺太に至る弧状に並んだ列島のこと。

＊24　統計的研究の結果
寅彦は理化学研究所学術講演会（昭和六（一九三一）年一一月）で、内ヶ崎直郎と共著で「山林火災と不連続線」を発表している。英論文も理化学研究所彙報で発表。山田功氏の解説も参照。

＊25　科学的の言葉で置換えられる
本随筆を脱稿する前日の昭和七年十二月十六日朝、当時日本橋にあった百貨店「白木屋」（後に東急百貨店と合併）で火災が発生。地下二階、地上八階のうち四階から八階まで全焼し、日本初の高層建築物火災となった。これをうけて寅彦は、「火事教育」という随筆も同時期に書いている。火事が科学的研究の対象であり、十分な知識と訓練を積む必要性を訴えている。暦の上では、この日は大安であった。同時期に書かれた「銀座アルプス」も参照。

＊26　悪日
あくにち。巡り合わせの悪い日のこと。寅彦作品「時事雑感　金曜日」「厄年とetc.」も参照。

＊27　さんりんぼう
三隣亡。この日に建築を行うと、「三軒隣まで亡ぼす」とされる。現在でも建築関係では棟上げなどを避ける忌み日。高所へ登ると怪我をするとも言われる。雪子氏が階段から転落した昭和七年十二月七日は雨の日で、暦の上で三隣亡と大雪（二十四節気の変わり目の一つ）に当たっていた。

＊28　迷信
寅彦作品「厄年とetc.」「化物の進化」も参照。

（監修：細川光洋／静岡県立大学国際関係学部教授）

寺田寅彦の「藤の実」を読む

山田　功

一、はじめに

この作品が世に出たのは、昭和八年二月、雑誌『鐵塔』によってである。この雑誌は小林勇が勤めていた岩波書店を飛び出して、新しく作った出版社「鐵塔書院」で創刊された。出版社を興すことはなかなか大変なことである。そこで寺田寅彦は、原稿料を気にせず、原稿を送った。小林は雑誌『鐵塔』の創刊を考えたとき、寅彦にも原稿を依頼したいと思ったが、あつかましいことと、それは遠慮をしたという。ところが、寅彦からは二号の編集時から、原稿が送られてきた。その後さらに送られてきたのが「藤の実」である。小林にとってありがたい原稿の一つであった。後に、この作品は昭和八年十二月発行の『蒸発皿』(岩波書店)に収められた。

この作品が書かれた頃、寅彦は五十五歳。五十八歳でこの世を去っているから晩年の作である。理化学研究所、帝国学士院、地震研究所で、研究発表を頻繁にしていた時代である。

二、「藤の実」を読む

この作品は、十の段落からできている。本稿では各段落ごとに、じっくり読み進めていきたい。読み始める前にまずは、タイトルの「藤の実」に注目をしたい。

桜が終わり、新緑が鮮やかになると、公園や寺院などの藤棚では、藤が沢山の大きな花房を付け、楽しませてくれる。山中で樹々に絡まる山藤が、紫の花房を見せてくれるのも美しい。枕草子でも「ふぢの花は、しなひ長く、色濃く咲きたる、いとめでたし。」（藤の花は、房が長く色濃く咲いているのが、たいへんすばらしい。）とある。しかし、そのあとにできるタネを持った莢を見た人は意外と少ないであろう。手入れの行き届いている藤は、花が終わるとすぐに花殻を摘み取ってしまう。タネをつけると木が疲れてしまうからである。このタネを持った莢のことを「藤の実」というのである。長さが15～20cmと大きい。初めは緑色をしているが、秋になると茶色くなり、とても堅い。一つの花房に多くは一つ莢をつけるが、二、三個つけるものもある。あんなにたくさんの花をつけていた花房に莢は一つ二つ。不思議と云えば不思議である。

藤の実（東京の某庭園にて著者撮影、2018年11月26日）

「藤の実」は、俳句の季語でもある。歳時記を開くと、晩秋の季語として出てくる。例句としてこんな句があった。「藤の実は俳諧にせん花の跡」芭蕉。「藤の実は、その花の姿と違って華やかでもなくいかにも田舎じみて素朴な姿をしているが、これはまことに俳味のあるもので、私はこの花の咲いた跡にこ

の実を俳諧の詩材としよう」と岩田九郎は解説をしている。もう一つ、「藤の実の谷へ飛ぶ音夜も絶えず」水野爽径。これは藤の実がはぜる音を詠んでいる。空気がカラカラに乾いた晩秋の夜、山藤の実がピシッと鋭い音を立ててはぜ、タネを谷へ飛ばす。それが一つだけではない。はぜる潮時となると、藤の実は一斉にはぜるのである。こうして藤は世代を繋いでいくのである。この作者は、これから読む寅彦の作品と同じく、藤の実の一斉にはじける現象を見事にとらえているのである。

最初の段に入ろう。一・二・三段目を読んでも、タイトルの「藤の実」という言葉はでてこない。似た言葉として「藤豆」、「実」がそれぞれ二回、「豆」、「豆の鞘」がそれぞれ一回でてくる。「藤豆」、「多数の実」、「豆の鞘」は、「藤の実」と同じ意味と解釈できる。しかし、調べてみると「藤豆」は、「藤の実」とは、全く別の植物名である。「藤豆」は、別名「インゲン豆」「千石豆」「つる豆」などとも言われ、食用にされる。花が藤の花に似ていることから「藤豆」と言われているのだという。まずは、言葉の混乱がないよう注意したい。

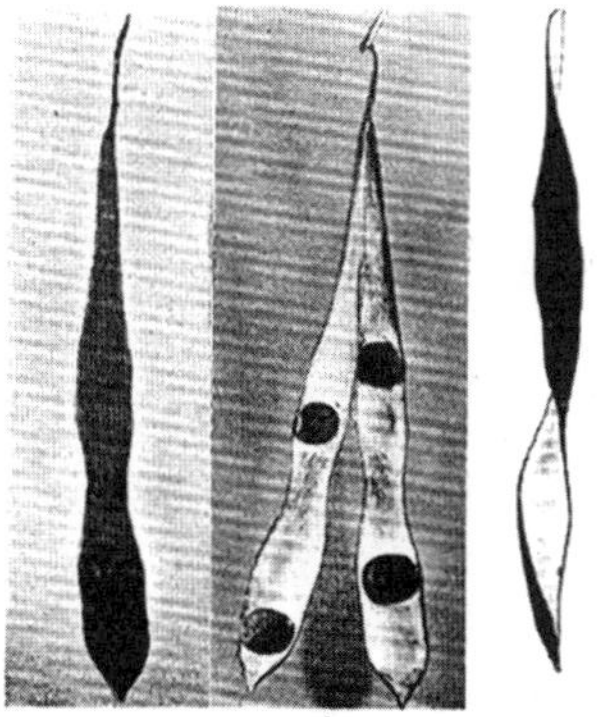

a：藤の実　b：さやの割れたところ。黒く丸いのがタネ　c：はぜた後のさや（寺田寅彦の論文より）

居間の机の前に座ると同時に、庭の藤棚の藤の実がはぜて、障子に当たったことから始まる。ここで、科学者の寅彦はこの現象に「おやっ」と思った。子どもが小石でも投げたかと思ったほど鋭いもの

藤豆（著者撮影）

であった。早速女中のツルに尋ねた。寅彦の書いた観察メモによると「ツルの話では、午後一時ごろから四時半ごろの間に盛んにはね、台所のガラス窓が破れるかと思ったという。庭の書斎の前のも飛んだ。」とある。寅彦は、タネが大変な勢いでとんできたこと。離れている別の藤棚でも、申し合わせたように一緒に藤の実がはぜたことにも関心を持った。藤棚は、台所の前と、庭の書斎の前にあると書かれている。

藤の実がはぜたときの音とは、いったいどんな音だろうか。私も確かめたくなった。ある年の十一月中頃、藤の実を探すことにした。大きな公園の藤棚を見に行くと、手入れがされていて藤の実はない。近くの家に藤棚があることを思い出し出かけた。幸い、いくつかの藤の実が残っていた。それを貰い、部屋にひもを張りつるした。十二月中頃、部屋で本を読んでいると、突然「ぴしっ」と乾いた短い音がし、藤の実がはぜた。その時、体がピクリと緊張をした。そして、タネは部屋のドアに当たり床に落ちた。これが寅彦が体験をした藤の実のはぜる音なのかと納得をしたのである。それだけのことだが、作品「藤の実」がぐっと自分に近づき、いっそう深い関心がもてたのである。そして、寅彦の作品「追憶の冬夜」の次の一節を思い出した。「母が頭から銀の簪をぬいて燈心を掻き立てている姿の幻のようなものを想い出すと同時にあの燈油の濃厚な匂いを聯想するのが常である。もし自分が今でもこの匂いの実感を持合わさなかった

寅彦の描いた「台所」。
藤のタネが当たった台所
のガラス障子がみえる。

書斎前の藤棚と次女の弥生さん

寅彦の描いた「居間」。
左の机の前の障子に藤の
タネが当たった。

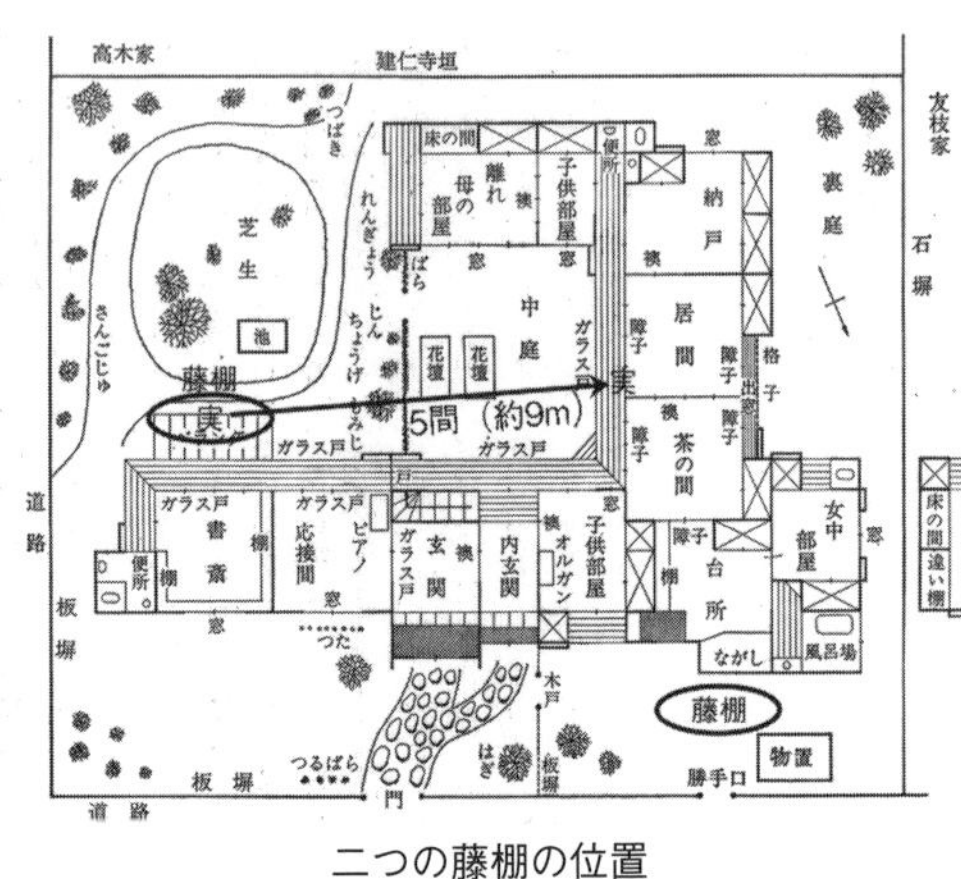

二つの藤棚の位置

としたら、江戸時代の文学美術その他のあらゆる江戸文化を正常に認識することは六かしいのではないかという気もする。」

『寺田寅彦画集』にある「本郷区駒込曙町十三番地」の寺田邸の平面図を見ると藤棚が描かれていない。ではいつ藤棚はつくられたのか。寅彦の日記を調べてみた。昭和七年三月二日（水）「三代吉来り藤棚作る。」、同年三月四日（金）「三代吉外二名来り藤棚、バラの枠等つくる」とある。藤の実が盛んにはぜたのは、同年十二月十三日である。植木のことは私にはよく分からないが、植えた年に花が咲き、実をつけはぜたことになる。大きな藤を移植したのだろうか。とにかく、寺田邸の平面図に二つの藤棚を文章より推測して書き入れてみた。状況がかなりはっきりしてきた。それを上図に掲げた。またタネが激しくあたった障子のある居間とガラス窓のある台所のスケッチが『寺田寅彦画集』にあったのでそれも前頁に紹介した。さらに、書斎前の藤棚は写真が残されていたのであわせてご覧いただきたい。この藤棚について、次男の正二氏が次のような文章を綴っている。

「昭和七八年頃だと思う。この書斎の廊下の外側に父の発案で五尺に六尺位の手すりのついた濡れ

縁、もしくはヴェランダのようなものを庭に張り出して木と竹で造りつけた。夏の夕方よくここに籐の寝椅子を据えてその上に父がねそべり朝日を絶間なくふかしながら、又時には葡萄酒を水で薄めて氷のぶっかきを入れたカットグラスのタンブラーをわきに置いて、英語の小説などを読んでいたことを思い出す。ひと頃はオールダス・ハックスレやギー・ケー・チエスタトンのものを大分読んでいた。このヴェランダの上は藤棚になっていて豆が沢山ぶら下っていた。この藤豆から随筆「藤の実」が生れたのである。」

　第二段落「此の日に限って、…」では、藤の実が一斉にはじけた時の気象を考察している。湿度が下がり、極限の乾燥度に達したからであろうと、結論づけている。後に紹介する論文では、もう少し詳しく気象状況を説明している。当日の天気図（国立国会図書館デジタルコレクション天気図、中央気象台編）と共に概略を紹介しておく。

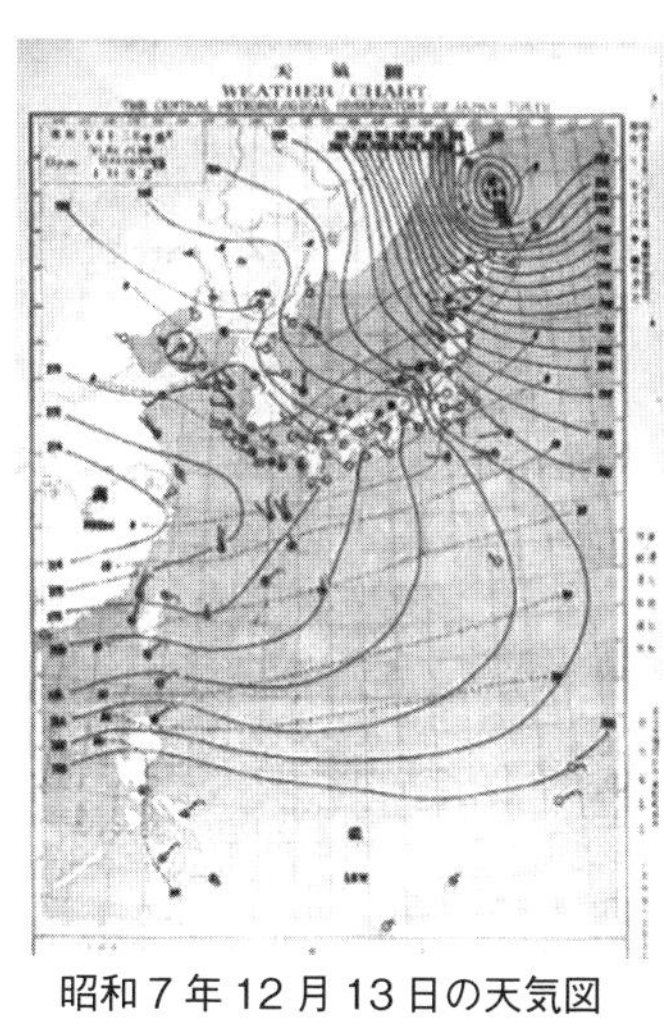

昭和７年12月13日の天気図

　昭和七年（一九三二）十二月十二日の天気図を見ると、はっきりした不連続線が日本海を縦に横切っていて、本州日本海沿岸に沿って高い降水確率をもたらした。この前線は十三日の午前六時には消え、通常の冬の気圧配置となった。

　中央気象台の一時間ごとの気温と湿度の観測による

と十三日の早朝、前日と比較して気温は異常に高く、相対湿度は異常に低くなった。これはたぶん関東地方でフェーン現象が生じていたに違いない。乾燥状態は続き、一〜三時と六時では相対湿度は50%以下となった。この天気状況はそのほかの日に比べ非常に特別な状態である。従って、この異常に低い湿度が藤の実のはじけの激しさを説明できるだろうと結論付け、寅彦の関心は藤の実がはぜる機構へとむけられていった。

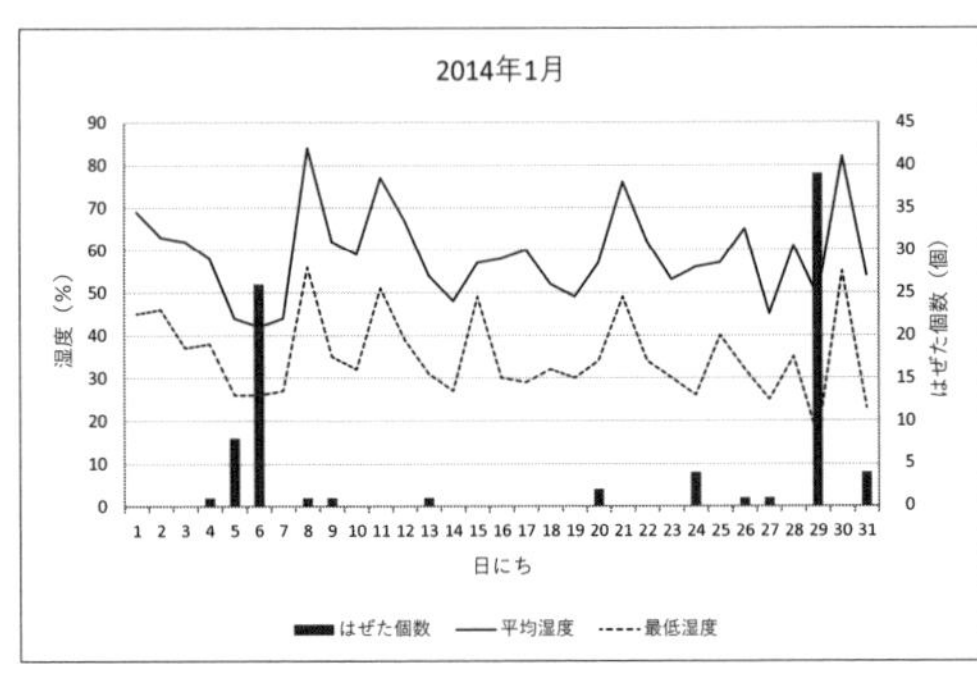

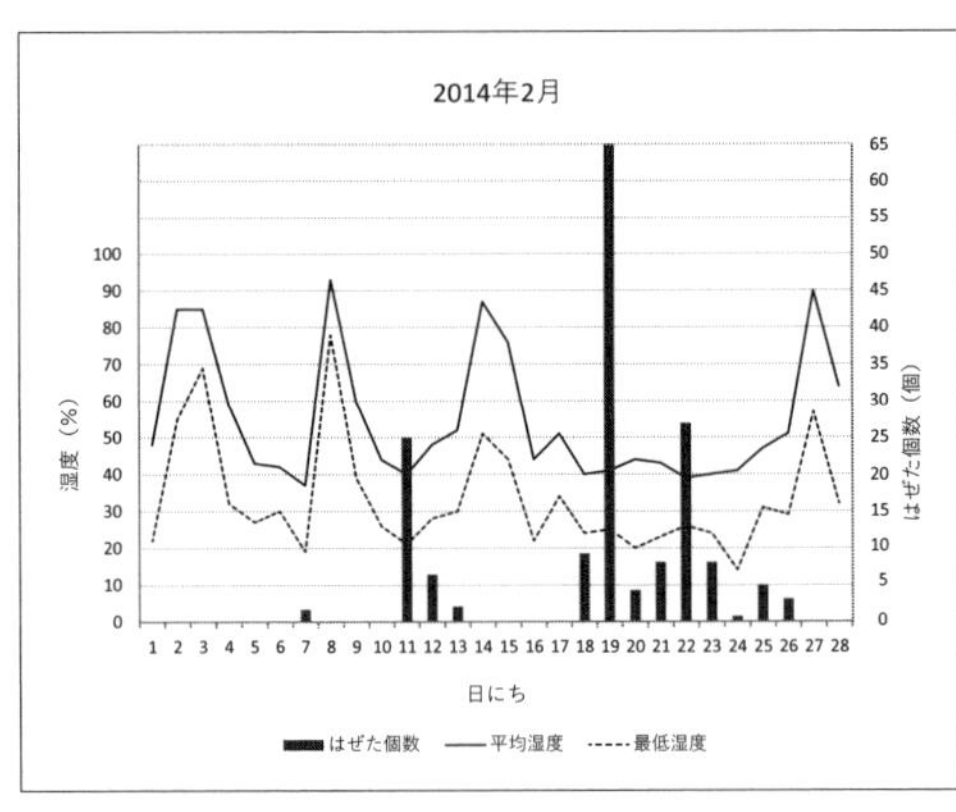

湿度と藤の実のはぜた数のグラフ
（上が１月、下が２月、2014年）

私と川口修は、もう少し多くの事例で、この状況を調べようと、二〇一四年、二カ月にわたり数百の藤の実で、はぜた数と、気象状況（湿度）との関係を調べた。藤棚がある場所は、名古屋市に隣接している春日井市。湿度のデータは、名古屋地方気象台が発表

した名古屋市のものである。

その結果のグラフが前頁の図である（『槲』七十二号、平成二十六年に「藤の実はいつはぜるか」と題し、発表）。

上が一月、下が二月のグラフで、ともに縦軸に湿度、横軸に日がとってある。棒グラフがはぜた藤の実の個数、折れ線グラフが平均湿度（上）と最低湿度（下）を示す。

y [m]
タネ
V_0
障子
x [m]

タネの飛行図

その結果によると、多くの藤の実が一斉にはぜた日は、平均湿度が50％を、最低湿度が30％を切った日である。それは、日ごとに湿度が下がりだし、底をついたときで、次の日からまた湿度は上がりだす。

一斉にはじけた日は、湿度のグラフの谷底の日である。二月十八～二十六日は、低い湿度の日が続いているので、ほかの日とやや異なっている。この結果から、我々は湿度の変化から藤の実が一斉にはぜる日をおおよそ見当をつけることができるようになった。

第三段落「それにしても、…」では、猛烈な勢いでタネを飛ばすことに、話が移っている。前に提示した寺田邸の平面図を見てみるとよく分かる。書斎の軒の藤棚から居間の障子までが五間（９ｍ）くらいとある。そこで、タネがどんな速さで莢から飛び出したのかを計算している。これは、高校物理の簡単な問題である。一緒に解いてみたい。高さ３ｍのところからタネが水平に飛び出

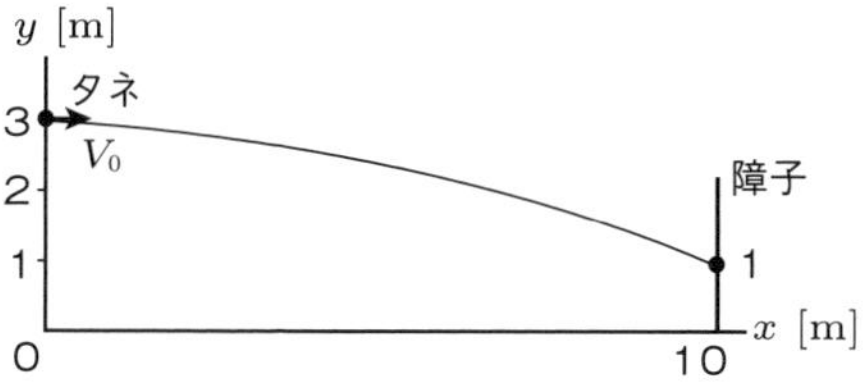

し、10m先の障子の高さ1mのところに当たった。空気抵抗は考えないでタネの初速度を求めている。
タネの初速度をV_0とする。タネは水平方向には等速度運動をするから、10m先の障子に衝突するまでの時間をtとすれば、$10 = V_0 t$ …(1)　タネは垂直方向には2m自由落下運動をするから
$S = \frac{1}{2}gt^2$ より、$2 = \frac{1}{2} \times 9.8\,t^2$ …(2)　(2)式より $t^2 = \frac{2}{4.9} = \frac{20}{49}$，$t = \frac{\sqrt{20}}{7}$ [S]　これを(1)式に代入すると　$V_0 = \frac{10}{t} = \frac{10\times7}{\sqrt{20}} = 15.7$ [m/s] となる。
タネはおよそ16［m/s］の速さで飛び出したことになる。時速に換算すると58［km/h］。自動車が走る速さを想像してみても結構な速さであることが分かる。

寅彦は、藤の実の莢の中にこれほどの速さでタネを飛ばせる原動力が潜んでいる事におどろき、藤の実のはじける機構を研究する事になるのである。これが、昭和八年（一九三三）理化学研究所彙報に発表された「藤の種子の自然放散の機構について」（英文）平田森三・内ヶ崎直郎と共著である（"On the Mechanism of Spontaneous Expulsion of Wistaria Seeds." with M.Hirata and T.Utigasaki, *Sci.Pap.Inst.Phys.Chem.Res.* XXI, 233, 1933.）。この論文を読むのは大変であるが、共著者、平田森三が、論文の要旨を若者向けに「十五メートルも種子を射出す　藤の莢の不思議な仕掛」と題して、『子供の科学』昭和八年十月号に発表しているのでこれを読めばよい（本書付録参照）。今ではハヤカワ・ノンフィクション文庫『キリンのまだら』の「藤の莢」でそれを読むことができる。平田森三は、この論文の後、藤の実の捩れを利用した火災警報用のいわゆる実効湿度計の論文を発表している（"Variations of Atmospheric Humidity and Twisting of Wistaria Pod—Correlation to Forest Fires."

「空気中の湿度の変化と藤の莢のねじれ—森林火災との相関」理化学研究所彙報、一九三五年、二七巻、五八六号）。

寅彦は、藤の実との出会いの初期の段階から、はじける機構に関心を持っていたことが、「藤の実の観察メモ」（上図）からわかる。そこには、次のように書かれている。

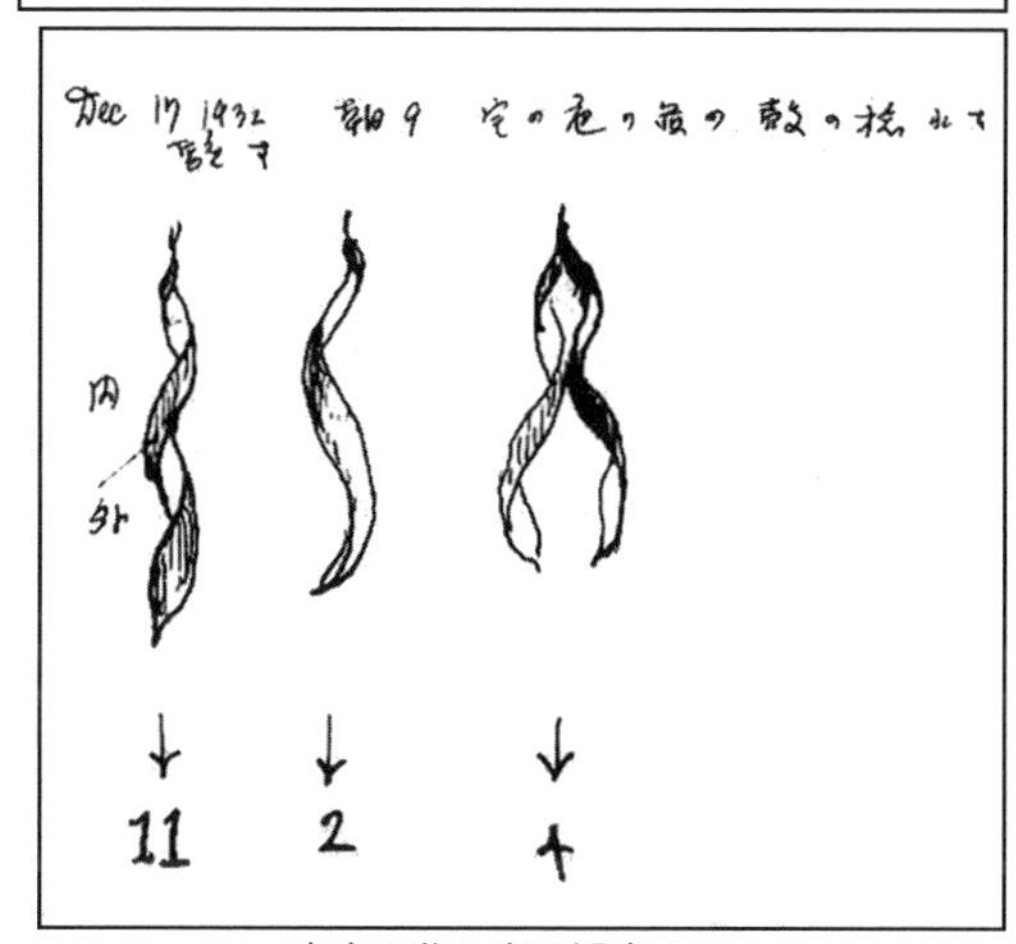

寅彦の藤の実の観察メモ

「十二月十五日朝、一つの藤の実［注：絵］を取って、火鉢で炙ったが中々割れない　ハサミで中間を切断したら徐々にはじけた。図のやうに実の附着して居るA点の側がはじけた。多分矢のやうにはじける　豆の初速で矢の方に飛ばされるではないかと思ふ。」とある（口絵も参照）。また、下図では「Dec 17 1932 朝9　宅の庭の藤の殻の捩れを験す」とあり、はぜた莢の形を分類し、集計をしている。二度捩れたものが

圧倒的に多いことがわかる。その捩れの強さ（剛性率）は鋳鉄にも匹敵すると報告をしている。莢をもってたたいてみると本当に硬いことがわかる。

研究が始まる初期にこんな試みと観察をしているのがとても興味深い。

第四段落「それは兎に角、…」では、藤の実がある時一斉にはじけたように、他の植物の世界でも「潮時」があるのではないかと書いている。例として、椿の花が風もないのに一斉に落ちる場合をあげている。椿の花の日ごとに落ちる数をグラフに取ると、地震群の発生回数分布のグラフとよく似ているという。それは既に別の場所で発表をしているとある。それは一九三二年地震研究所彙報に発表された論文「地震群について」（英文）である（"On Swarm Earthquakes." *Bull.Earthq.Res.Inst.* X, 29, 1932.）。

縦軸に椿の花の落下数、横軸に日にちをとったグラフ（次頁上図）がある。自然条件を考慮しながら落ちた花の数を記録している。このグラフを見るといつも同じように落ちるのではなく、多くの花を落とす日があることが分かる。これも植物の「潮時」であると言っている。

これが地震発生回数と日にちとのグラフ（下図）に似ているというのである。実際にあったかどうかはわからないが、この論文が新聞記事になったとき、いささかの問題を発生したというのである。それが随筆「錯覚数題」に書かれている。二つのグラフが類型的であることを新聞で読んだ人があたかも「椿の花の落ち方」を見て地震の予知ができると書いてあるような錯覚を起こす、といった錯覚的興味をそそるやり方の記事はやめてもらいたいとある。二つのグラフは似ているが地震予知には全

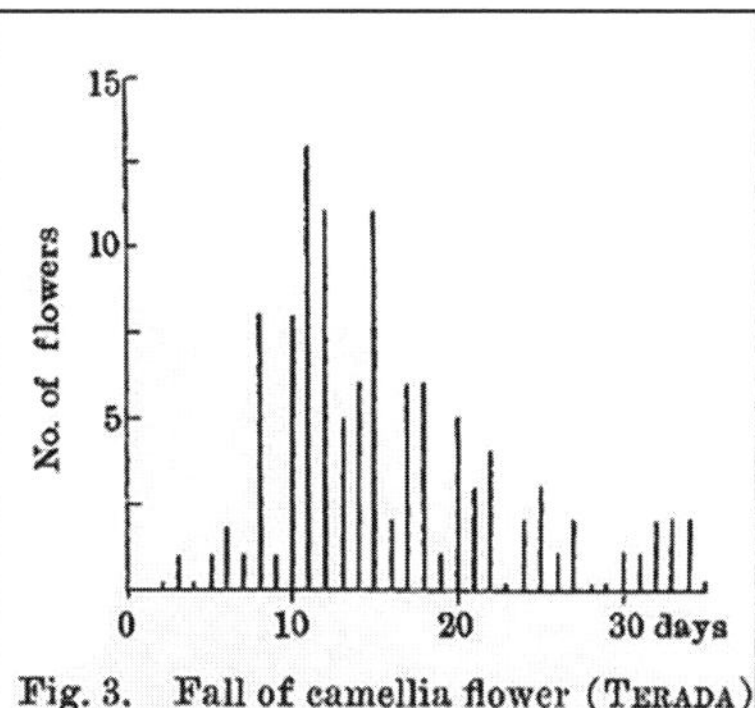

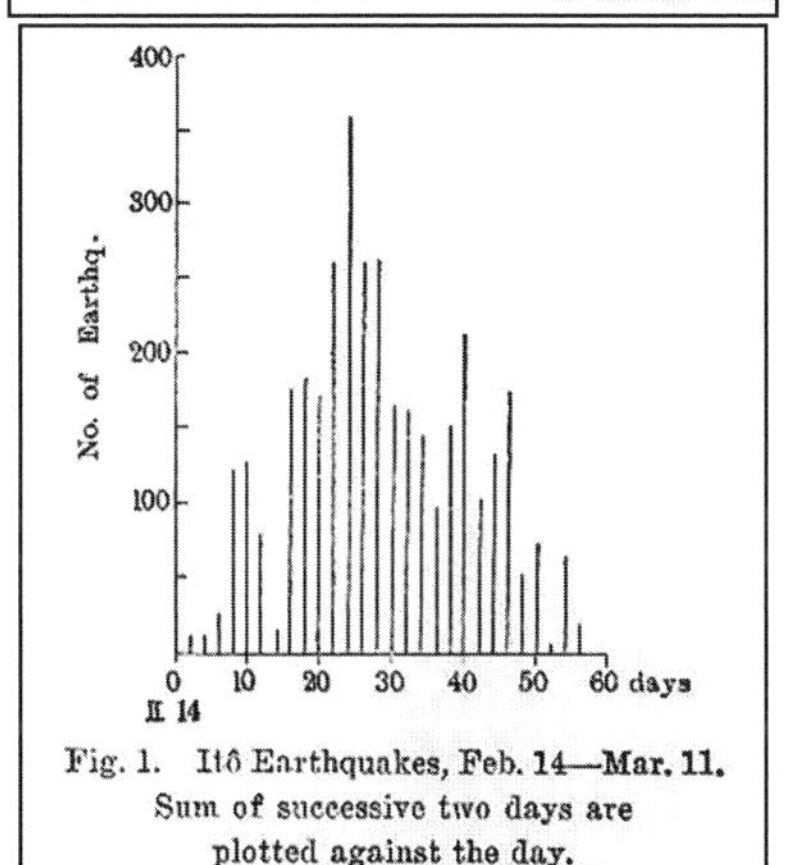

寺田寅彦の論文「地震群について」より
（上）椿の花の落花数のグラフ
（下）地震発生回数のグラフ

くつながらないのである。

第五段落「もう一つよく似た…」では、植物の「潮時」について、もう一つの例を示している。それが銀杏の葉の落ち方である。秋も深くなると銀杏の葉が黄色くなる。寅彦は「晴天の強い日光が降り注ぐと、室内までが黄金色に輝き渡る位である。」と表現している。当時、理化学研究所の研究室を訪ねた次男の正二氏も、「窓の外には大銀杏の黄葉が美しかった。」と回想している。銀杏の葉のまっ黄色さがよく伝わってくる。

今まで気にしなかったことでもある日突然、おやと思うことがある。銀杏の葉が突然一斉に落ち始めたというのである。その表現が見事である。まさに科学の始まりである。「何かしら眼に見えぬ怪物が樹々を揺さぶりでもして居るか、或いは何処かでスウィッチを切って電磁石から鉄製の黄葉を一斉に落下させたとでもいったような感じがするのであった。」。怪物が木を揺さぶるという表現が尋常

な落葉ではないことを表している。また、科学者らしく電磁石と鉄製の葉とに例えている。電磁石はスイッチを切れば途端に磁石ではなくなるから、鉄の葉は一斉に落ち始める（残留磁気などややこしいことは考えない）。落下のすごさが伝わってくる。私も一度見たいものだと、秋になると、銀杏の大木のある近所の神社に通っているが、いまだ出会えない。こちらも、藤の実と同じように、離れた木でも申合せたように散ったという。

本書に執筆されている松下貢氏が、『英語で楽しむ寺田寅彦』岩波科学ライブラリー、トム・ガリー共著（岩波書店）で、この銀杏の一斉落葉について、興味深い説を述べておられるので紹介をしておく。「葉っぱがひらひら落ちるのは、その形状と周りの空気の粘性抵抗による。この粘性のために、落葉は周囲の空気も幾分引きずることになる。どの葉っぱもそろそろ落ちそうな時期に、たまたま一枚の葉が落ちたとしよう。その葉は近くの葉を道連れにしてその周りの空気もともに引きずる。それらがさらに近くの何枚かの葉と周りの空気を一緒に巻き込む。こうなると、葉っぱと空気が一団の塊となり、一層多くの葉と周辺の空気を巻き添えにして流れ落ちる。こうして、ついには落葉の雪崩ができることになる。これが寅彦の見た、銀杏の一斉落葉ではないかと思われるのである。ここでのポイントは、落葉集団の表面は外部の空気の抵抗を受けるが、その内部では空気も一緒になっているので、葉っぱ達は空気の抵抗なしに落ちるということである。こうなると、落葉集団の縁の葉っぱはひらひらするが、集団内の葉っぱ達はどっと一斉に落ちるであろう。」

第六段落「此の現象の…」では　こうした問題も、植物学者と物理学者が共同で研究をしたら、案

外面白いことにならないとも限らない。と今後の研究を示唆している。最近では、二つの学問領域が合わさった新しい学問領域が生まれている。生物物理学と云った領域もある。

第七段落「此れとは又…」では、家庭内での事故が続いたことを挙げ、偶然が重なったことは、藤の実が一斉にはぜたように、何かそこには理由を見つけることができるかもしれないと言っている。子供が階段から落ちて怪我をした。とある。これは、日記によると、昭和七年十二月七日（水）雨の日、三女 雪子がお昼、お茶の水和楽食堂の二階階段から落ちて、眉骨を打ち鎖骨骨折、右耳後上部打撲だという。大変な事故である。しばらく入院であった。この日、医者のM氏の子供は道路で転んで鼻血を出したという。日記を見ると雨とある。階段や道路が濡れて滑りやすくなっていたのかもしれない。二、三日後、また子供や女中が事故にあっている。悪いことが続くなあと、だれも考えるに違いない。これを寅彦は、家の人々の精神状態が平常とは少し違っていたからかもしれないと言い、単に偶然の重なりとは言い切れないとも言っている。

第八段落「年末から…」では、年末から年始にかけて、新聞での訃報が多いことが上げてある。インフルエンザが流行している時節でもあるが、そう簡単には説明できない場合もあるという。これも偶然なのか、それとも科学的根拠があるのか、疑問を残している。

第九段落「四五月頃…」では、山火事が多い日があるが、これは不連続線が日本を横断するときで、説明がつく場合として挙げている。論文としては、「森林火災と気象」（英文）内ヶ崎直郎共著（“Forest-Fires and Weathers.” with T.Utigasaki, *Sci.Pap.Inst.Phys.Chem.Res.* XVIII, 205, 1932.）、談

話として「山火事の警戒は不連続線」（昭和七年一月一日、日本消防新聞）、「不連続線と温度の注意で山火事を予防」（昭和八年二月十三日、報知新聞）がある。

こうして、森林火災の発生しやすい時がわかれば、予防ができ大切な自然財産の消失を減らせることができるのである。

第十段落「人間が怪我をしたり、…」で、色々事例を挙げてきたが、世の中でよく言われる「悪日」や、「さんりんぼう」でも、これからの科学で説明がされるかもしれないことを寅彦独特の言い回しで締めくくっている。

三、むすび

こうして、「藤の実」を読み終えてみると、身近な事象も気を付けて眺めると、「おや」、「不思議だな」と思うことが結構あることに気づく。それは、興味深いことで、楽しい疑問である。そうした出会いができるためには、普段から自分の五感の感度を少し上げておかねばならぬ。五感というアンテナを磨き、いくつも立てておくことだ。そして、不思議だと思ったことを、「それは偶然だ。」とか、「悪日」とか、「神様や悪魔の仕業だ。」と、簡単に思考を止めてしまわないことである。根気強くもう一歩調べていくと「不思議」の原因を発見できるかもしれないのである。

そんな、ものの見方の楽しさを教えてくれる作品である。寺田寅彦の随筆には、こうした作品がい

くつもある。読んでみていただきたい。

＊

私と川口は何百もの藤の実がはぜるのを観察し、はぜる潮時と湿度との関係をおおよそ見つけることができた。次に私共は、藤の実がはぜる瞬間を写真や動画で撮りたいと思った。私ははぜる時の音に着目し、音センサーを組み立て、音でカメラのシャッターを切ることをやってみた。一回や二回でうまくいくはずもない。しかし、あきらめかけたシーズン最後の頃、何とかカメラはそれを捕らえた。もう少しだけ前の状況が捕らえられたらよかったと反省をしている。川口は、デジタルカメラの動画モードを使って撮ることにした。カメラを藤棚のはぜそうな実に向けて、はぜるのを待った。はぜる潮時は、前年の観察でおよそわかるようになっているから、闇雲にカメラを作動させる必要はない。こうして捕らえられた写真が口絵の一枚である。勢いよく飛んでいくタネと莢も飛んでいくのがわかる。川口はその後室内でも撮影を続けた。「藤の実」を読んで、こんなところまで自然観察が広まり、自然の仕組みの見事さに驚き、また、観察の楽しさを味わったのである。

＊

この作品が初めて教科書に掲載されたのは、昭和九年、中等学校国語教科書である。昭和八年に発表された作品であるから、とても早い掲載である。教科書会社が寅彦の作品を待ち望んでいた感じすらする。それだけ寅彦の書くものの評価が既に高かったのではないだろうか。

戦前には四種の教科書が載せている。戦後、新制中学になると、昭和二十五年から四十三年の間

に八種の教科書に掲載された、人気の作品といってよい。ほかによく掲載された寅彦作品は、「鳶と油揚」九種、「とんぼ」九種、「茶碗の湯」八種、「すいれん他、藤棚の陰から」十一種である。

中学現代国語三下（市ヶ谷出版社、昭和二十六年）では、この作品を取り上げた狙いを次のように書いている。「科学の偉大な力は、いろいろな自然のふしぎを解き明かしてきましたが、自然はやはり、さまざまななぞに包まれています。この作品では、一つぶのふじのタネが、ぴしりとしょうじにぶつかったという小さな出来事をいとぐちとして、数々の事実を発見していった記録です。みなさんは、この興味深い観察の報告を通して、科学的なものの見方とは、どういうものであるかを学ぶことでしょう。」（一部著者変更）日本が戦後復興において、科学的なものの見方を学ばせようとしていることがよくわかるのである。

四、引用・参考文献

・新版『寺田寅彦全集』全三十巻（岩波書店、平成八年）。
・復刊『寺田寅彦全集』科学篇全六巻（岩波書店、昭和六十年）。
・『寺田寅彦画集』（中央公論美術出版、昭和五十二年）。
・『日本近代文学大系』第三十四巻、寺田寅彦集（角川書店、昭和四十八年）。
・『日本国語大辞典』（小学館）。

・『広辞苑』（岩波書店）。
・小林勇『一本の道』（岩波書店、昭和五十年）。
・岩田九郎『諸注評釈　芭蕉俳句大成』（明治書院）。
・『角川俳句大歳時記』（角川学芸出版、平成二十五年）。
・伏見康治監修『日本の科学精神②自然と論理　自然に論理をよむ』（工作舎、昭和五十三年）。
・寺田正二「父の書斎」（『父・寺田寅彦』くもん出版、平成四年）。
・山田功「藤の実はいつはぜるか」（『槲』七十二号、平成二十六年）。
・山田功「藤の実がタネを飛ばした時の写真」（『槲』七十四号、平成二十七年）。
・上田壽「「藤の実」について」（『寺田寅彦断章』高知新聞社、平成六年）。
・上田壽「火災学について　気温が最重要」（『新・寺田寅彦断章』高知新聞企業、平成二十二年）。
・平田森三『キリンのまだら』ハヤカワ・ノンフィクション文庫（早川書房、平成十五年）。
・トム・ガリー、松下貢『英語で楽しむ寺田寅彦』岩波科学ライブラリー二〇三（岩波書店、平成二十五年）。
・中学校教科書『中学現代国語三下』（市ヶ谷出版社、昭和二十六年）。

「藤の実」によせて：偶然と必然のはざま

松下　貢

はじめに─偶然か必然か

寅彦の随筆「藤の実」の出だしの部分は、藤の実がはじけたのに遭遇して、はじけの強さに驚いたことが率直に記されている。寅彦の科学者としての凄さは、このような日常的な経験を好奇心の赴くままに研究し、着実に成果を上げることであり、それは本書に収録されている平田森三「藤の莢の不思議な仕掛」で知ることができる。並みの科学者では、たまたま出会った現象に驚くことがあっても、よほどのことでない限り、なぜだろうと疑問を持って調べ、さらに研究しようというところまではいかない。

しかし、寅彦のこの随筆の趣旨は、自然界や日常生活で起きるいろいろな事柄に関する統計的・確率的な性質にある。このことについて、その後の科学の発展を踏まえたうえで、筆者の経験も交えて議論してみたい。

本随筆で寅彦は藤の実が乾燥してはじける際に、ぴしっとはじける強さに驚いただけでなく、意外にも別々の莢があたかも申し合わせたようにほぼ同時にはじけることに興味をもつ。普通に考えると、別々の莢はそれぞれ独立に、勝手にはじけてもよく、その方が自然だと考えられるからである。これと同じように、風もないのに銀杏の葉が、同期するように一斉に落葉するのを目撃したと報告している。これはまさしく、偶然か必然かの問題である。

サイコロを振ると、どの目もほぼ等確率に現れ、これをでたらめという。もし物事がこのようにランダムに起こるだけなら、かえって単純である。たとえば、6の目がほかの目より出る確率が明らか

に高いとなると、このサイコロには何か細工がなされているに違いないと考える。同様に、普通には偶然としか考えられないことも、立て続けに起こったりすると、何か直接には見えない因果関係が背後にあるのではないかと考えるのが自然であろう。

山火事がここかしこで頻発した場合は、気象条件とのかかわりで理解できる。大きな地震の後の余震群の発生の原因は明らかとして、比較的離れた場所で大小様々な地震が次々に起こるのは、寅彦の時代にはそれこそ偶然か必然かということで、大問題であったであろう。現在ではこれはプレートテクトニクスの視点から説明できる。しかし、地震の発生が必然だと説明できるからといって、発生の時期がいつだと予言できるわけではなく、偶然に支配される。これは寅彦が随所で主張していることであって、地震の発生は偶然と必然のはざまにある現象である。

自然現象ではない場合でも、例えば貸し切りバス事故の頻発などは、その背後の社会的事情などを探ると、因果関係が見えてくるかもしれない。ともかく、寅彦のここでの趣意は、偶然に起こっていると思われることでも、相関のある場合が意外に多く、それで立て続けに起こることになるのだろうということである。これは現在では「事象の間欠性」と呼ばれていて、カオスでは普通にみられる現象である。ここにも寅彦の先見性が認められる。

本随筆は、ごく日常的に観察される現象を好奇心と科学の目で見るという点でも教訓的である。日常的現象はいつでも起こっているはずであるが、見ようとしなければ見えない。また、好奇心は誰もが子供のころには持ち合わせていたはずなのに、いつの間にかどこかに置き忘れて大人になっている

ことが多い。

銀杏の一斉落葉──偶然から必然へ

この偶然と必然に関連して、本随筆で生き生きと報告されている、銀杏の葉が一斉に落ちる現象について、一言してみたい。晩秋によく見かけるように、木の葉は普通にはひらひらと落ちる。ところが寅彦は、風もないのに銀杏の葉が一斉にしかも真下に落ちるのを目の当たりにした。しかもその一年後に別の場所で、再びこの珍しい現象に出会ったという。だからこそ彼には興味深く思われたのであろう。

葉っぱがひらひら落ちるのは、その形状と周りの空気の粘性抵抗による。この粘性のために、落葉は周囲の空気も幾分引きずることになる。どの葉っぱもそろそろ落ちそうな時期に、たまたま一枚の葉が落ちたとしよう。その葉は近くの葉を道連れにしてその周りの空気もともに引きずる。それらがさらに近くの何枚かの葉と周りの空気を一緒に巻き込む。こうなると、葉っぱと空気が一団の塊となり、一層多くの葉と周辺の空気を巻き添えにして流れ落ちる。こうして、ついには落葉の雪崩ができることになる。これが寅彦の見た、銀杏の一斉落葉ではないかと思われるのである。

ここでのポイントは、落葉集団の表面は外部の空気の抵抗を受けるが、その内部では空気も一緒になっているので、葉っぱ達は空気の抵抗なしに落ちるということである。こうなると、落葉集団の縁

の葉っぱはひらひらするが、集団内の葉っぱ達は滝の流れのようにどどっと一斉に落ちるであろう。

この落葉の流れのきっかけを考えてみると、どの一枚の葉がどこで落ちるのかは、まったく偶然であろう。しかし、落葉が集団となって滝のように流れる段階では、この流れは実際の滝の水の流れと同様に、必然的な現象ということになる。すなわち、寅彦が見た銀杏の一斉落葉は偶然から必然への推移を観察したことになる。

これで思い出されるのが、新雪による表層雪崩である。以前に降り積もった雪の斜面に新雪が積もり、その層が滑り落ちるのが表層雪崩である。新雪だからふわふわしていて、雪崩といっても大したことはないだろうと考えるのは大きな間違いで、新雪の流れのスピードは新幹線並みになることもあるという。この場合も、最初のきっかけは、ごく一部の新雪のほんのちょっとした偶然の滑りであろうが、それが次々に周りの新雪を巻き込み、新雪の流れが大きくなって、必然の現象である雪崩に発展する。このとき、流れるのが圧雪とは違ってふわふわした新雪であり、銀杏の一斉落葉と同様に、新雪と空気が一緒になって流れるのであろう。

かなり以前のことであるが、ＴＶで上高地の穂高岳に向かう唐沢の斜面での表層雪崩の放映を見たことがある。それこそ新幹線でも通過しているのではないかと思われるシャーっという音とともに、ものすごいスピードで雪崩が流れる映像であった。これに巻き込まれたらひとたまりもないであろうと思ったことが忘れられない。寅彦の観察した銀杏の落葉雪崩は、本物の新雪雪崩と違ってその木の範囲に限られるから、それほど害がないであろう。それでも一本の銀杏の木についていた葉っぱがほ

とんど全てどさっと落ちるとなると、たまたまその下にいたら、あるいは「痛たっ！」と感じるかもしれない。落葉間際の銀杏の木の下を通るときには注意が必要であろうか。

首の長い砂時計の砂の流れ—偶然と必然

もう二十数年も前のことになるが、寅彦の物理と彼のもろもろの随筆に影響されてきた筆者が、鉛直に置かれた長いガラス細管中で砂を流すという実験を研究室の学生諸君としていたことがある。言ってみれば、首のとても長い砂時計の砂の流れはどんなものであろうかという、まさしく寅彦的な発想で行った実験であった。砂時計そのものは、ガラス管の細くくびれた首の部分を一定の速さで砂が流れ落ちるようなもので、砂が落ちきるのに要する時間に従って1分計、3分計、5分計などがある。

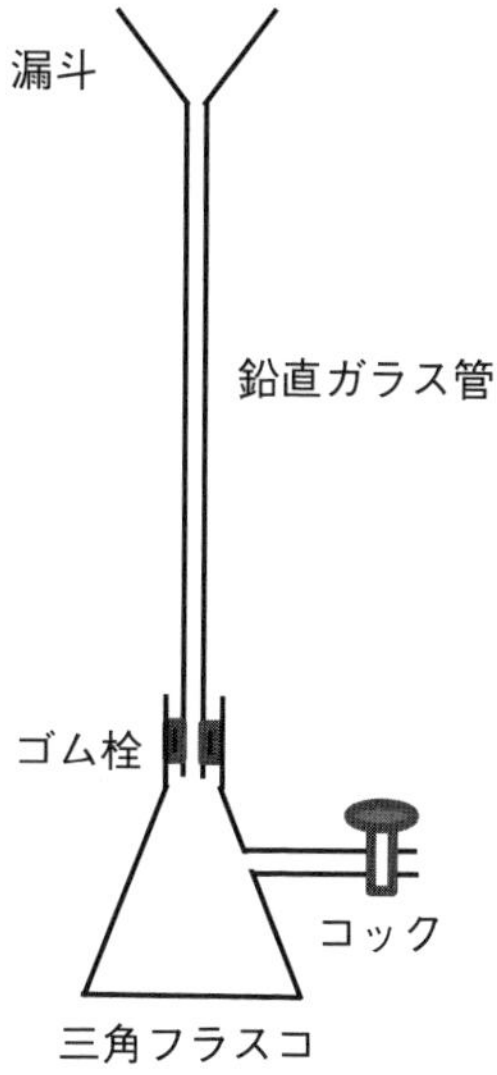

漏斗
鉛直ガラス管
ゴム栓
コック
三角フラスコ

首の長い砂時計装置の外観

もし砂時計の首の部分を長くしたら、砂はどのように流れるであろうか。通常の砂時計と同じように、相変わらず一定の速さで落ち続けるのであろうかというのが、そのときの疑問であった。この実験のために組み立てた装置の外観が図に示してある。鉛直に置かれ

たガラス管の上部は漏斗になっており、下にある三角フラスコのゴム栓に差し込まれている。この三角フラスコには、図のようにコックがついていて、空気の出入りが調節できるようになっている。上の漏斗の部分に注ぎ込まれた砂は長いガラス管を流れて、下の三角フラスコに溜まるような仕掛けである。実験に使ったガラス管の長さは150㎝、内径は３㎜、流したのは0.5㎜程度の粗い砂であった。

ここで水のような液体でなく固体である砂の流れには面白い性質があって、ガラス管の内径が砂より太くても、それがせいぜい二、三倍程度だと、砂はガラス管内で必ず詰まってしまい、流れない。砂粒たちが互いに押し合いへし合いして、ガラス管内で動かないブリッジを作って詰まってしまうのである。上の実験ではそのようなことが起こらないように、ガラス管の内径と砂粒の大きさを選んである。

いま、コックを開いたままで上の漏斗から砂を流すと、砂は滑らかに、ほとんど自由に落ちるかのように、かなりのスピードで流れ落ちる。このとき、コックの先に指先を置くと、明らかに空気が流れ出しているのが分かる。すなわち、砂は空気と一緒に鉛直ガラス管の中を流れているのである。これは銀杏の一斉落葉や新雪雪崩と同じであり、砂を漏斗から供給し続ける限り、砂は空気と一体になって滝水のように必然的な現象として流れ落ち続ける。

ところがコックを閉じると、砂の流れの様子はがらりと変わる。まず、砂の流れがぐっと遅くなる。これはコックによって空気の流れが止められているので、銀杏の落葉が一枚だけならひらひらと落ちるのと同様に、空気の抵抗を受けるからである。それだけなら何の不思議もないようなものだが、鉛

直ガラス管の何ヶ所かに砂の流れの渋滞が起きるのである。空気の流れが止められているという点では砂時計も同じなのであるが、砂時計の場合にはくびれた首の部分が短いので、それを通しての空気の上下の流れはそれほど制限されず、結果として砂の流れもスムーズなのであろう。

鉛直ガラス管の砂の渋滞部分を見ていると、その動きはゆっくりと下に降るだけでなく、上昇することさえある。その部分は詰まっているように見えても、注目している渋滞部分の上にはさらにその上にある渋滞部分からほとんど自由に落下してきた少数の砂粒が積もっており、その下の部分からはさらにその下にある渋滞部分に砂粒が落ちている。これは週末やお盆、年末年始に高速道路の渋滞を経験したことのあるものには、あるいはお馴染みの現象かもしれない。

高速道路を比較的スムーズに運転してきたのに、あるところで突然渋滞に巻き込まれ、いらいらしながら何十分ものろのろ運転することになった。しかし、そのうちに突然視界が開けて渋滞から解放され、しばらくはまたスムーズに運転できた、という経験をお持ちの読者も多いであろう。観察された砂の渋滞がこの高速道路の渋滞とそっくりなのである。

流れの中のそれぞれの砂粒たちは、せいぜい前後左右の砂粒たちとぶつかり押し合いながら流れている。私たちは日頃万物の霊長面をしていても、高速道路上ではせいぜい前後左右の数台の車を見て運転しているのであって、その意味ではガラス管を流れる砂粒たちと何ら変わりがないのかもしれない。

この砂の流れの渋滞にはもう一つ際立った特徴があり、場所的にも時間的にも決して周期的ではなく、ばたばたっといくつも続け様に起こったかと思うと、しばらく現れなかったりして、非常に不規

則で間欠的であるということである。この渋滞がどこで現れ、どれほどの大きさでどれくらい続くかは全く偶然のように見える。砂の流れそのものは必然なので、この砂の渋滞は偶然と必然のはざまの現象であるということができるのかもしれない。

おわりに―偶然と必然のはざまで

新雪の表層雪崩に関連して、一九九一年六月に雲仙普賢岳であったような火山の噴火口からの火砕流や、二〇二一年七月に熱海であった豪雨の後の土石流である山津波などを思い浮かべた読者も多いことであろう。火砕流のきっかけは火山の爆発であり、山津波の場合には河川の上流での土砂崩れであって、これらの流れそのものには偶然性は見られず、必然的な現象である。しかし、火砕流や山津波も、それらのきっかけも含めて全体的に見れば、火山の爆発や上流での土砂崩れは偶然が関与しているということができる。そして、寅彦の観察した銀杏の一斉落葉、新雪の表層雪崩、コックが開いているときの鉛直ガラス管の中の砂の流れ、火砕流、山津波に共通しているのは、銀杏の葉、雪片、砂粒、噴出した砂礫・岩石、土石などの固体と空気や水などの流体とが一体となって流れることである。

ここでは固体物質と流体物質が「一体となって流れる」ということがポイントであって、両者の特質を補完し合って流動性を格段に増しているように思われる。本来、固体が流体の中を移動する場合には粘性抵抗を受けるのであるが、一緒になって動く場合にはそれがない。せいぜいが一体になって

できる大きな流れの塊の表面での周囲の空気による粘性抵抗や、その流れが接している地面からの摩擦抵抗を受けるだけである。したがって、大部分の流れの塊自体は、ほとんど斜面の自由落下のように加速し、猛スピードで流れるということになる。そして、これが火砕流、山津波、雪崩の被害の甚大なことの理由であろう。

主として西洋で発展した現代科学は、単純なものからなる場合を扱ってきた。しかし、私たちの身の周りをちょっと見ただけでも、ほとんどの場合、複雑なものの集まりでできている。現在ではそれを複雑系と呼び、複雑系の科学が世界的に注目されている。寅彦の科学随筆で論じられていることの多くが、実は複雑系科学についてのものだったのであり、近ごろになってようやくそのテーマとして研究されている。寅彦を「複雑系科学の父」と称する所以である。この銀杏の一斉落葉も、複雑系の際立った特徴の一つである「些細なことの大変動への発展」の一例とみることができ、とても興味深い。寅彦の慧眼には驚くばかりである。

寅彦の観察した銀杏の一斉落葉の考察から始まって、それが火砕流や山津波にまで関連しているであろうというところまで風呂敷を広げてしまった。しかし、寅彦がいま生きていたら、それどころでなくもっともっと話題を広げて、しかも私たちを納得させたのではなかろうか。寅彦の随筆「藤の実」の趣旨に従って言えば、私たちは偶然と必然のはざまに生きており、現代科学がどんなに進展したからといっても、まだそれによっては説明できず、わからないことがたくさんある。

これまでは主として自然現象について議論してきたが、ここで私たちの日常生活にも少しばかり目を向けてみよう。いったん何かが起こると、似たようなことが立て続けに起こることがある。かなり以前の話であるが、国内で飛行機事故が次々に起こって話題になったことがある。また、身内の不幸が短期間に頻発していやましに不幸な気分に襲われたという経験をお持ちの方もいるであろう。このとき、次々に起こったのは単なる偶然に過ぎないのか、それとも何かまだわかっていない理由が背後にあって、起こるべくして必然的に起こったことなのかという疑問がわく。随筆「藤の実」の最後の部分で寅彦もそのようなことに言及している。

身内や知り合いの誰かがたまたま事故にあったりすると、つい気になって同じようなことのないように注意するが、それは長続きせず、そのうちに忘れる。しかし、まれには、あることに注意したために他のことに不注意になるというような、心の乱れた状態にならないとも限らない。こうして誰かの事故がきっかけで、その人の身内や知り合いの誰かが別の思いもよらない事故に遭ったりして、皆が驚くことになる。こうなると身内や知り合いの人数がはるかに増えて、その中の誰かが何かの事故に遭うという可能性が一層増す。そしてもしこの第三の事故が本当に起こったら、この一連の事故は関係者にはとても忘れられるものではなく、当分の間記憶に残ることになろう。

これはちょうど銀杏の葉がそろそろ落ちそうな頃に、たまたまある一枚が落ちて、周りの空気を引きずり、それが近くの葉っぱを巻き添えにして行くようなものである。このようなことがある年齢に集中するとその年齢は厄年になり、たまたまある日に集中するとその日は悪日と呼ばれ、ある職業で

の事故がある暦日に集中したためにその職業に携わる人たちにとってその暦日が三隣亡として記憶されるようになったとも考えられる。このように考えてみると、寅彦が指摘しているように、厄年や悪日、三隣亡なども単なる迷信ではないのかもしれない。

参考文献

トム・ガリー、松下 貢『英語で楽しむ寺田寅彦』（岩波科学ライブラリー二〇三、二〇一二年）。

松下 貢（編）『キリンの斑論争と寺田寅彦』（岩波科学ライブラリー二二〇、二〇一四年）。

トム・ガリー、松下 貢『名随筆で学ぶ英語表現―寺田寅彦 in English』（岩波科学ライブラリー三〇四、二〇二一年）。

松下 貢〝「寺田物理学」の現代的意味―寺田寅彦と複雑系科学〟『窮理』第十八号（二〇二一年）二―一二頁。

S. Horikawa, T. Isoda, T. Nakayama, A. Nakahara, and M. Matsushita, "Self-organized critical density waves of granular particles flowing through a pipe", *Physica A*, Vol.233, Nos.3-4 (December, 1996) 699-708.

O. Moriyama, N. Kuroiwa, M. Matsushita and H. Hayakawa, "4/3-Law of Granular Particles Flowing through a Vertical Pipe", *Phys. Rev. Lett.*, Vol.80, No.13 (March 30, 1998) pp.2833-2836.

植物生態学からみた「藤の実」

工藤　洋

一、はじめに

自然は同調現象にあふれている。植物を例にとっても、一斉に芽生えが生じる、木の芽が開いて葉が展開する、一斉に花が咲き、一斉に実り、一斉に落葉するといったことがしばしば起きる。まるで申し合わせたように事が起きたとき、不思議さを感じずにはいられない。このような自然現象を通して、偉大な先達と疑問を共有することは、楽しくありがたい機会である。ここでは、植物生態学の立場から「藤の実」における寅彦の発見について考えられることを述べてみたいと思う。特に、寅彦が注目するのは事象が起きるタイミングの問題であるので、それを中心に話を進めよう。

二、「フジの実」

フジはマメ科のつる性木本(もくほん)植物である。つる性というのは、他の植物に巻き付くことによってよじ登り、高い位置に葉を広げる性質のことを指している。植物の最大の特徴の一つが、生きて成長するための資源を、光をエネルギー源として光合成により自ら作り出すことにある。そのため、植物同士の間で激しい光の取り合い競争が起きている。光合成は葉で行われるので、葉をよりたくさん着ければ良いことになるが、取り合い競争に勝つためには茎や幹あるいは枝のような構造を作って葉を高く

持ち上げる必要がある。ここで、植物はジレンマに立たされる。立派な幹や枝をつくれば、葉に光が当たるようになるが、葉を作るために使うことができたはずの資源を幹に割くことになる。本来なら、すべての資源を葉に使いたいところを、光をめぐる競争があるために仕方なく幹に投資して葉を持ち上げているというのが、植物の姿である。つる性は、このジレンマを解消する一つの方法であり、他の植物の幹・枝を利用してそれに巻き付くことによって、幹への投資を抑えつつ高い位置により多くの葉を展開するというやり方である。この性質を利用して、竹や木材で作った枠にフジを巻き付かせて仕立てたのが、藤棚である。その藤棚が寅彦の住まいにはあった。

この藤棚では、おそらく他のフジと同じように五月に一斉に花が咲いたであろう。フジに限らず、様々な植物が決まった季節に花を咲かせる。もちろん種類によって違いはあるものの大半の植物種の開花のピークはおおよそ二週間である。つまり、五十二週間ある一年間のうちの二週間という特定のタイミングに花を咲かせる植物が多く、フジもその一つであるといえる。植物が種子を作るために、花粉が花から花へ移動して、受粉が行われる。そのために、同種植物の近くにある株同士（単一の種子に由来する植物の個体をここでは株と呼ぶ）が同じ時期に咲く必要がある。この同調は、別々の株であっても、環境の季節的な変化に対して同じように応答することでなされている。日長（昼間の長さ）の変化や気温の長期傾向をシグナルとして、植物が特定の季節に花を咲かせていること、そしてその詳細な仕組みが明らかとなってきている。この花粉のやり取りには、植物のもう一つの特徴が関係してくる。それは植物が固着性で移動ができないことである。フジでは、この花粉の移動を昆

白花のフジを盛んに訪花するクマバチ
（写真：福原達人氏提供、口絵参照）

虫に任せている。藤棚の近くに腰を下ろしてフジの花を眺めていると、クマバチがせっせと花を訪れている様子を見ることができる。クマバチは餌となる蜜を求めてフジの花を訪れるわけであるが、知らないうちに花粉を運ばされている。こうして花粉を受け取ることに成功し、その後の過程を無事に切り抜けた一部の花が実として発育することになる。

さて、このフジの実が寅彦の庭で裂開し、おおよそ10m先の障子にあたったのは、十二月のことである。この季節としてのタイミングも非常に興味深いものといえる。五月に花を咲かせてから七か月が経過している。実が熟するのは秋、そして乾燥を経て、実が裂開するのは冬なのである。実際のところ、花は春に咲くが、種子が晩秋から初冬に散布される植物は少なくない。花は花粉を運んでくれる昆虫の活動が最も盛んな春に咲かせるが、そのあとの実の発達がゆっくりと起きることが多い。これは、地面で種子を害する昆虫や菌類の活動が高い春から初秋を避けているためと考えられている。フジもおそらく同じで、気温と湿度が高い時期には、実の中に大事に種子を温存し、気温と湿度が低下して地上の安全が確保されたタイミングで種子が実から飛び出てくると考えられる。

寅彦はこのフジの実から放出される種子の初速度をざっと勘定し、そのあまりの速さに驚いたので

あろう。実際にその仕組みについて詳細な研究を行って、英文の学術論文として発表している[1]。この仕組みについては、他に詳しく解説されているので[2]、ここでは、なぜそんなに遠くまで飛ばすのか、その意味について考えてみたい。ここで関連してくるのが、先にも述べた植物の特徴、固着性で移動できないことと光をめぐって激しい競争をしていることとである。例外的に植物が移動することができる場合があり、それが種子である。フジの種子は鞘の強力なねじれによって、元の場所から遠くに弾き飛ばされる。フジに限らず、種子を遠くに飛ばすための仕組みとして様々なものがあり、風に飛ばされるタンポポの実の冠毛、服に引っ付くオオオナモミの実の鈎針、鳥に食べてもらうグミの果肉などがその例である。種子を遠くに飛ばした結果防ぐことができるのが、親子や兄弟の間での光をめぐる競争である。フジは、つる性で高くまでよじ登り、高い位置から種子を発射することにより肉親間の光をめぐる競争を避けるような生活を進化させてきたとみることができる。

三、「潮時」

タイトルともなった藤の実ではあるが、寅彦の主眼は、むしろその裂開のタイミングが同調したことにある。自身で分析しているように晴天と湿度低下が、多数の実を同様の乾燥状態としたことにより、同調的に弾けたということであろう。この例を皮切りに、植物にもいわゆる「潮時」のようなものがあり、ツバキの落花とイチョウの落葉についての同調現象について論じている。

ここで、同調について考える時の範囲と時間スケールについて述べておきたい。植物の同調現象を考える時、まず株内の同調、株間の同調があることに気を付けなければならない。また時間スケールについても、分や時間単位の同調なのか、日単位なのか、週単位なのかといった区別をすることは、その仕組みを考えるうえでは重要である。例えば、先に挙げた開花の同調は、おおよそ週単位の株間の同調であり、株内のすべての花が一斉に開くというわけではない。フジの場合は垂れ下がる花序（花が集まっている房のこと）の上から順次咲いていくので、五月の二―三週間にわたって花が咲いていることになり、株間でこの時期が同調する。一方、「藤の実」に出てくるツバキやイチョウの例は株内の分から日単位の同調現象に着目している。

ツバキはツバキ科の木本植物で庭木としてよく植栽される。冬に花をつける数少ない植物で、赤い花弁と黄色のおしべが良く目立つ。この冬に咲くという特徴とツバキの花の色には関係がある。冬には気温が低下するため、昆虫のような体温が気温とともに低下してしまう変温動物の活動は極端に低下する。一方、鳥は恒温動物なので冬の間も活動を続けている。ツバキは、その進化の過程で花粉を運んでもらう相手として鳥を選ぶこととなった。鳥によく見える赤色の花弁をつけ、餌の少ない冬に蜜を提供することで鳥を呼び寄せている。寅彦も、庭のツバキの赤い花にメジロが頭を突っ込んで、顔を花粉で黄色くしているところを観察していたのではないかと思う。そうして受粉に成功するとめしべとその基部にある子房を残して、花のほかの部分が離脱して落下する。子房とは、やがて実となる部分である。多くの植物では、花が散るときに、花びらが一枚ずつ落ちるものが多いが、ツバキ

ツバキの花の断面（写真：福原達人氏提供、口絵参照）。矢印がめしべの基部にある子房。花弁とおしべ群が一体となって落下する。

では花弁とおしべ群が一緒となって一つの花全体が落下する。寅彦は、このツバキの花がある程度同調して間欠的に落下することを指摘しているし、現にそのデータを集めている[3]。ツバキの花が間欠的に同調して落ちる理由については、実際のところは研究をしてみないとわからない。そろって落下した花が同日に開花したものであるなら、開花の同調性を反映している可能性がある。また別々の日に開花したものがより同調して落下するなら、落花を同調させる理由と仕組みが他にあるのかもしれない。

イチョウはイチョウ科の木本植物で、街路樹としてしばしば植栽される。その種子である銀杏が食用となる。イチョウ並木に敷き詰められた黄色の落葉は秋の風景の代表であろう。「藤の実」では、あるイチョウの株の葉が一斉に散ったことが紹介されている。植物の葉が落葉するとき、一般的には、葉の柄の基部にある離層と呼ばれる部分で葉の離脱が起きる。離層を形成する組織は葉が元気に光合成をしている時期にすでに存在しているが、植物ホルモンや離脱を制御する遺伝子の発現に伴って、細胞間の接着を維持する物質が分解されるとともに、離脱面を保護する組織が形成され、最終的に落葉に至る。つまり、落葉とは、枯れた葉の柄が朽ちてちぎれるといった現象ではなく、植物が主体的にコントロールして葉を落とすための構造を形成した結果起きる現象なのである。

イチョウの葉
（写真：福原達人氏提供、口絵参照）。矢印で示される葉柄の基部に離層が形成される。

　イチョウの葉が一斉に散るという現象は、離層における離脱の準備が一本の株の中でそろって開始されることを示唆している。離脱の準備が進行するのに伴い、離層組織における葉と枝を結合する力が時間とともに徐々に弱まっていく。その途中で結合力を超える風が吹くと、その時に葉が一斉に枝から離脱するのであろう。そのため、離層における結合力の低下と風力の時間変化パターンの組み合わせの結果、強い風の日に一斉に葉が落ちたり、風もないのに葉が一斉に落ちたりということが観察されるのではないかと思う。この仕組みであれば、ある日の風では落ちなかったのに翌日のより弱い風で落ちるという現象も起こり得る。

　イチョウを含む落葉樹は、春から秋の間に展開した葉で光合成をおこない、成長や開花・結実に必要な資源を獲得する。葉は光合成をおこなうことができるが、それを維持するための資源も必要である。落葉樹という生き方は、維持に必要な資源を超えて光合成をすることが難しい時期には葉を落として幹と枝だけになって冬越しをしようというやり方で、温帯の気候に合った特殊な生き方ともいえる。季節の変化に応じて葉を使うために、イチョウのように、一斉に葉を展開し、一斉に落葉する性質をもつものが少なくない。寅彦の観察した事実は、この落葉のタイミングを一枚一枚の葉の勝手に

任せているのではなく、イチョウの樹が株全体で同調して離層発達を開始するタイミングを決めていることを示している。現象が良く見られるということと、その仕組みがわかっているかどうかは別問題であり、特にイチョウのような大きく長命の樹が持つ仕組みの研究はそう簡単には進まない。「藤の実」で紹介される果実裂開、落葉、落花といった現象において、個々の実・花・葉が裂開したり、落下したりする仕組みはある程度分かっているものの、どのようにそれらのタイミングがコントロールされているかについては現在も残されている研究課題と言ってよい。

四、最後に

事が起こるタイミングについての寅彦の記述は、さらに身の回りに起こった家族の怪我などの良くないことが一時に起きたことについて、あるいは名士の死が重なって起きるということに展開していく。これらの現象については、植物生態学者の観点からみるとフジの実・ツバキの花・イチョウの葉とは同列に扱いにくいとも思うが、寅彦に同意できる部分は多分にある。寅彦は、これらのことを偶然と片付けるのは簡単であるが、そこにもなにがしかの仕組みや因果があるのではないかと述べている。また、これらを偶然と片付けるのなら、他の自然現象も偶然と片付ける立場に立ってしまうことを指摘している。自然科学者としての立場では、あらゆることに先入観を持ち込まない。まずは、現象をよく観察し、数値データを集め、偶然でなく説明し得る仮説をたてる。そして、その仮説が否定

されるあらゆる可能性を考えて、観察と実験を繰り返す。この行為は自分が仮説を信じるかどうかとは別次元の行為で、仮説は証明されるものではなく、否定されないことをもって保持される。

寅彦の身の回りに起こった一連の出来事について同僚に話したところ、「偶然とは思うけれども、因果に関する仮説がテストされていないので、現段階では何とも判断できないのではないか」と述べた。私も同感である。自然科学者といえども人である限り、先入観や思い込みの影響を完全に排するのは難しい。「藤の実」についての会話は、自然科学の基礎とは何であったのかを久しぶりに思い起こす機会を私と同僚に与えてくれることとなった。

五、参考文献

[1] Terada, T., Hirata, M. and Utigasaki, T. (1933) On the mechanism of spontaneous expulsion of *Wistaria* seeds. *Scient. Pap. Inst. Phys. Chem. Res.* **21**: 233–241.

[2] 平田森三、十五メートルも種子を射出す藤の莢の不思議な仕掛、『子供の科学』昭和八年十月号、第十八巻第四号、本書付録掲載。

[3] 山田功、寺田寅彦の「藤の実」を読む、本書掲載。

寺田寅彦「藤の実」に見る自然観

川島禎子

一、「藤の実」について

寺田寅彦の随筆「藤の実」は、昭和八年二月、雑誌「鐵塔」に「吉村冬彦」の筆名で掲載されました。本文末尾に「（昭和七年十二月十七日）」の日付が付され、この日に書き終えたのであろうことがわかります。その後『蒸発皿』（岩波書店　昭和八年一二月）に収録されています。

「藤の実」は短い作品で、自宅の藤の実がはじけて飛んだというエピソードから「潮時」とも言うべき現象に注目、同様の現象である落椿や銀杏（いちょう）の落葉などの話を続け、さらに日常の生活で悪いことが続く、というエピソードにも言及するという内容です。教科書にも掲載されたことがあります。

タイトルにもなっている藤の実の話は、平田森三・内ケ崎直郎と連名で発表した論文「藤の種子の自然放散機構について（英文）」[1]と密接にかかわっています。論文の共著者である平田森三は、のち一般向けに「藤の莢」と題し書いていますので[2]、そこから詳しく知ることができます（初出原文は本書付録も参照）。上田壽氏[3]、小山慶太氏[4]、本書に論考を寄せている松下貢氏[5]もこの論文に言及しています。

子どもにも向けた全体的な注釈は、同じく本書に執筆されている山田功氏によってなされています[6]（細川光洋氏による本書原文注釈も参照）。また、椿や銀杏の「潮時」については、池内了氏が『「潮時」と呼んだ「物理学的の現象」が存在することを確信したのだ。まさに、アポトーシスの存在

を予感していたと言える』と[7]、興味深い指摘をしています。アポトーシスはプログラム細胞死の一形態のことで、落葉や昆虫の変態などがその例とされます。平成一四年と一六年に欧米の研究者がアポトーシスの研究でノーベル賞を受賞しましたが、もちろん寅彦の時代にはまだ提唱されていなかった新しい生物学の概念であり、現代の概念に通ずるような寅彦の着眼点の鋭さ、先見性には舌を巻くばかりです。

本稿では、先行論や科学的解説とは少し違う面に注目し、文学的に寅彦の自然観を考察します。

二、「藤の実」執筆当時の寅彦

まず、随筆「藤の実」の内容をたどりながら、当時の寅彦の状況を考えたいと思います。

野村伝四あて書簡（昭和一〇年六月一日）には「藤の実のはねる件、随筆をかいた後に少し計り研究した結果を理研の報告に発表したものがありますから御笑草に御目にかけましやう」と書いていますので、随筆執筆後に論文が書かれたことが明らかです。したがって、随筆を書いたときにはまだはっきりとわかっていなかったことも、のちに書かれた論文には示されていると考えてよいと思います。

さて、随筆にも論文にも、藤の実が弾けたのは昭和七年一二月一三日のことだと書かれ、論文ではこんなにしばしば、また暴力的に藤の実が弾けたことは、今までに経験したことがないと家族が言っていたとあります。論文によると、一一m以上離れた居間の障子に豆を飛ばした藤棚は、寅彦日記に「三代吉

来り藤棚作る。」（昭和七年三月二日）とあるように「藤の実」脱稿の年の春に作られたものでした。寅彦はこの藤の実の弾け具合にすっかり心を奪われてしまったようです。随筆脱稿の二日後、中谷宇吉郎に出した書簡（昭和七年一二月一九日付）に「此頃は又藤の実のはじけて飛ぶメカニズムを調べて居ますが此れも存外面白いものであります」と書き、さらに、同じく宇吉郎への書簡（同年一二月二九日）には具体的に踏み込んだ形で「豆莢が四重程の層になつて居て此れが乾燥する時 　のやうに捻れる仕掛けになつて居ります。地上三メートル位の高さにある実を十四五米位は横の方に射出するから一寸驚かされます。」と書いています。当時の寅彦の熱中がうかがえます。

随筆に戻りましょう。先述したように、まだ論文になるほど調査が進んでいなかった時期に書かれたためか、寅彦はここで藤の実の弾ける機構について詳述しません。その代わり、他の自然現象にも共通する「潮時」に注目しています。

「潮時」の現象として他に挙げられたのは、椿の落花、銀杏の落葉などです。椿については、池田芳郎あて書簡に「少生は庭の椿の花の落ち方につき昨年始めた統計を今年も繰返へした上理研の会で話して見度と存居候」（昭和七年四月一七日付）とあり、また同年五月二五日に理研の講演会で「椿の花の落方」について語っていることが日記に書かれていますので、寅彦の中ではある程度整理されていたと考えられます。この内容は、翌年に発表された論文「空気中を落下する特殊な形の物体——椿の花——の運動について（英文）」[8]で詳しく知ることができます。随筆では、論文という形にならなかった「銀杏の落葉」に多く紙面を割いています。

寅彦は銀杏が好きで、とくに理研の銀杏の眺めをしばしば友人や弟子への書簡に記していました。例えば、同じ漱石門下の安倍能成にあてた書簡には、「理研の窓外の大銀杏の黄葉が実に美しく輝いて居るのが日々目を喜ばしてくれる（略）どうも少生は楓の紅葉よりも、銀杏の黄葉、櫨（はぜ）や柿の紅葉が愉快であります」（昭和四年一一月二〇日付）と書いています。他にも藤岡由夫にあてた書簡には「理研窓外表門前の銀杏も君の写生した二号館前のもすつかり葉をふるつてしまつていよ〳〵冬がやつて来ました　此れから数月間は又いじけてかじかんで暮さなければなりません。」（昭和五年一二月九日）とあり、留学中の弟子に理研の情景を知らせる気遣いとともに、寒がりな寅彦のユーモラスな一面もうかがえる手紙となっています。

随筆「破片」（昭和九年）の十三（本書付録参照）では、銀杏の落葉について書いています。

本郷大学正門内の並木の銀杏の黄葉し落葉するのにも著しい遅速がある。先年友人M君が詳しく各樹の遅速を調べて記録したことがあって、その結果を見せてもらったことがある。それが、日照とか夜間放熱とか気温とか風当たりとかそういう単なる気象的条件の差異によってこれらの遅速を説明しようと思っても、なかなか簡単には説明されそうもないような結果であった。また根の周囲の土壌の質や水分供給の差異によるとも思われなかった。（略）そういう外部の物理的化学的条件だけではなくて、もっと大切な各樹個体に内在する条件があるのではないかと素人考えにも想像されるのであった。

「藤の実」では、銀杏の落葉の不思議に気付いたのが「去年」とあります。これが執筆していた時点の「去年」、すなわち昭和六年なのか、それとも来年に発表されることを見越して昭和七年のことを「去年」と書いたのか、ですが、本文中に「今年の十一月二十六日の午後」という記述がありますので、そうすると「今年」が昭和七年、つまり「去年」は昭和六年のことだろうと考えられます。つまり寅彦は、銀杏の葉の散り方がどうであるかについては昭和六年まで「別に注意もしないでいた」わけです。

銀杏は黄葉が遅く、東京でも一一月下旬にピークを迎えるのが一般的です。「破片」発表が昭和九年一一月であることを考えると、「先年」友人が銀杏を調べたとあるので、昭和八年もしくはその以前と思われます。昭和六、七年の段階で調査結果を見ていたのであれば、それは「藤の実」に反映されるでしょうから、寅彦が調査結果を見せてもらったのは昭和八年の可能性が高いと推測できます。関心を持ち始めたものの、約一年後発表する「破片」に書いたような詳しいことがまだわかっていない、という状況で書かれたことになります。つまり、藤の実と同様の状況というわけです。

最後に、随筆末尾の人間の生活での同様の事象について見ていきましょう。寅彦は例として子どもが階段から落ちて怪我をしたあと、他の子どもがデパートで掏摸にあい、女中が電車に包みを置き忘れるなどの良くないことが続いたことを挙げています。昭和七年一二月七日の寅彦の日記を見ると、

昼食時御茶の水和楽食堂の二階階段から墜ちて眉骨を打ち鎖骨々折、右耳後上部打撲、

溝淵さん紹介で田端の高木憲次博士を訪ね来診依頼、就寝中であったので紹介状をおいて帰る　雪子嘔吐数回

とありますので、階段から落ちて怪我をしたのは三女の雪子だとわかります。池内氏が詳しく調べていますが、寅彦はこと子どものことになると大変な心配性で、過保護な一面もありました[9]。この時も、どれだけ心配したか想像に難くありません。

このように、「藤の実」は、当時の寅彦にとって今まさに問題として立ち上がっている身近な自然現象や日常のことを中心に書いた、備忘録という面を備えた作品であるということが言えるでしょう。

三、寅彦の季題観

「藤の実」全体を通して見たときに、おやと思うことがあります。それは、「潮時」として例に挙げたもののほとんどが季語であり、そのことを寅彦もわかっていただろうということです。

寅彦は藤の実の句こそ詠んでいませんが、落椿の句に

　昇(か)き下す柩や落つる寒椿　（明治三四年）

があり、さらに師・夏目漱石の句「落ちさまに虻を伏せたる椿哉」について『漱石俳句研究』（大正

一四年）や随筆「思出草」で詳しく解説をしています。

銀杏散るについては、明治三一〜二年に漱石に送った句の中に

本堂の屋根に散らがる銀杏かな

があります。風邪については寅彦の詠んだ句はありませんが、『虚子句集』に使用例がありますので、同時代に季語として認識されていたことがわかります。

山火事については、同じく夏目漱石に送った句の中に

二階から山火事見るや宿はづれ
山火事や乾の空の雪曇り
山火事の北へ〳〵と広がりぬ

の三句があり、うち「二階から……」「山火事の……」については明らかに季語として詠んでいることがわかります。これを見ると、寅彦は自分の挙げた話題のほとんどが季語であることをわかっていたであろうことが想像できます。

では、季語としてこれらの題材を見直してみましょう。藤は、『万葉集』に

藤波の咲ける春野に延(は)ふ葛の下(した)よし恋ひば久しくもあらむ　（巻一〇・春相聞）

とあるように古来より歌の題材とされ、『源氏物語』や『枕草子』でも姿を褒められ、鏡や蒔絵の文様、また家紋としても愛された意匠です。与謝蕪村も

　ぅつむけに春ぅちあけて藤の花　　蕪村

と詠み、また栄華を極めた藤原氏とも重ねられ、『毛吹草』では

　　ことぶきし給ふ折から　藤氏のおほやけに参りて
　松に藤かかる目出度きよはひ哉　　春可

という句が見られます。

しかし俳句において藤の実に注目したものは非常に少ないです。松尾芭蕉は

　　関の住素牛（そぎう）何がし、大垣の旅店を訪（と）はれ侍りしに、彼（かの）ふぢしろみさかといひけん花は宗祇のむかしに匂ひて
　藤の実は俳諧にせん花の跡　　芭蕉

と詠み、久村暁台は

　藤の実に小寒き雨を見る日かな　　暁台

と詠み、正岡子規の『俳句分類』では夏と秋両方にこの季語が見られますが、数としては大変少ないです。ましてやはじける瞬間に注目したものはもっと少なく、管見の限りでは

藤の実のはじく日南や森の梅　　丈草

くらいでしょうか。これとて一斉にというわけではないでしょう。一方、銀杏散るについては散るさまを詠んだものは多く、子規の『俳句分類』にも

こや扇要はしつてちるいてう　　柳吟

などが記されていますが、これは銀杏の葉と形の似た扇を取り合わせて楽しんでいるので、落葉のタイミングに注目しているわけではありません。科学的にもそうでしょうが、寅彦が生きていた当時の文学においても「潮時」は新しい着眼点だと言えるでしょう。

次に寅彦や同時代の人々の季語の考えを、少し踏み込んで見てみましょう。

「藤の実」が掲載された単行本『蒸発皿』には、「俳諧の本質的概論」「天文と俳句」「連句雑俎」の三つの俳論が掲載されています。寅彦は季語をどういうものだと捉えていたのでしょうか。関係していそうな部分を引用してみると、

季節の感じは俳句の生命であり第一要素である。（略）俳句の内容としての具体的な世界

像の構成に要する「時」の要素を決定するものが、この季題に含まれた時期の指定である。

（「天文と俳句」昭和七年）

あるいは、

流行の姿を具えるためには少なくも時と空間いずれか、あるいは両方の決定が必要である。季題の設定はこの必要に応ずるものである。

（「俳諧の本質的概論」昭和七年）

とあります。気になった方もいるのではないかと思いますが、寅彦は季語という言葉を使わず季題と言っており、管見の限りでは季語という言葉を使った例は見られませんでした。今の私たちには耳慣れない言葉ですが、研究者の井本農一氏によれば「季題という言葉は、近代の造語であって、明治末年に至ってようやく用いられ出した語である」ということです[10]。和歌では「季の題」と言い、近世の俳諧では「季の物」「季の詞」と言い、正岡子規は「四季の題目」と言っていたのですから、近代以降に使われるようになったという季題という言葉は、案外歴史が浅いことがわかります。筑紫磐井氏によれば、昭和一〇年頃の主要作家の八割ほどが季題と言い、二割が季語と言っていたといいますので[11]、当時にしてみれば多数派です。

ともに連句を詠んでいた小宮豊隆にあてた書簡には「此間の第三句は季題が必要だそうで、それで

はなんとかやり直しましやう」（大正一一年一一月二八日）と書いているので、連句における「季の物」と同じような意味で使っていることがわかります。またそれは小宮も共通だと言えます。以下、寅彦に合わせて季題という言葉を用いることにしましょう。

さて寅彦は、「天文と俳句」や「俳諧の本質的概論」において季題は大切な要素であり、特に時間や空間を規定するものと認識していることが引用からわかります。この季題観、当時さまざまな論争が繰り広げられており、統一した認識ではありません。

たとえば高浜虚子は、

足利の末葉に連歌から俳諧が生れて専ら花鳥を諷詠するやうになりました。殊に俳諧の発句、即ち今日云ふ処の俳句は全く専門的に花鳥を諷詠する文学となりました。[12]

と、恋や雑なども詠むはずの俳諧全体を、特に発句の特質に限定し、さらにそこから生まれた俳句について「専ら花鳥を諷詠」するものとしています。虚子当時の俳句のありようを過去の連歌、俳諧に映しこんでいるようにも感じられます。花鳥諷詠については、

（注、古い時代の人々は）他にもっと深いと考へてゐたところの人生観をくつゝけて、それで満足してをりました。（略）私は敢て、今日以後の俳句は花鳥風月を吟詠するものである、その他には目的はない、と申しました。（略）斯くして花鳥諷詠といふことは新ら

しい生命を以て俳句界の標幟となりました。

と、人生観を映す以上に意義あることと位置づけ、

何となれば季を外にしては景色といふものは実在しないのでありますから。（略）自然現象を謡ふ文学としては、十七字、季題といふ二大約束を守る俳句の独断場であります。[13]

と、俳句という文芸の地位を守るためにその独自性を強調するように書いています。

また、「藤の実」よりも少し後ですが、研究者である潁原（えばら）退蔵氏は、

芭蕉に至っては、すでに俳諧そのものが、文学としての基礎を十分に確立した時であるが、季はやはり俳諧の最も重要な要素であった。（略）詮じつめると、それは我が国文学の伝統的精神が特殊の形式をとったにすぎないものである。いはばその底には何百年以来、和歌連歌もしくはその他の文学を通じて流れて来た自然を鑑賞する心の結晶であった。[14]

と、伝統的な日本人の美意識の粋が季節には込められていると述べ、逆に、小宮豊隆らと共に芭蕉俳諧研究に参加していた岡崎義恵氏は、

私の思ふには、季や題を生かす方法は論ずれば色々見出されるけれども、既に昔のやうな

魅力を持ち続ける事の困難なもので、次第に人々に忘れられてゆくのではないか。[15]

と、季節というものがそれほど重要でなくなってきたと書いています。

肝心の寅彦はどうかというと、先ほどの引用を見る限り、岡崎氏と同じく芭蕉俳諧研究に参加していた山田孝雄（よしお）氏の「発句は必ずその興行の季節をよむべきものである」「次に発句はなるべく、そのよむ場所を明かに示しうるやうによむのがよいとせらるる」[16]という言葉に影響を受けているのではないかと思います。「俳諧の本質的概論」の末尾で「山田孝雄氏の「連歌及連歌史」（岩波『日本文学講座』）からは始めて連歌の概念を授けられ」と名指ししていることもあり、間違いないでしょう。

寅彦の季題観は、今後季や題が人々に忘れ去られていくのではないかと予言する岡崎氏ほど冷淡ではありません。しかし、季を重視することで他の文芸からの差異化を図る虚子や、季題趣味を文学の伝統的精神の一形式とする穎原氏と比較すると、少し淡白な印象があります。

ところで、山田氏の論を踏まえているのであれば、寅彦が言っているのは、長句（上の句）と短句（下の句）を交互に詠む連歌の一番最初の句である発句のことであり、俳句ではないのではないか、といぶかしむ向きもあるかもしれません。実は、それこそが重要だと考えます。

連歌は江戸時代に俳諧、子規の俳句革新後は連俳・連句の語がよく使われ、のち連句の語が一般化します。便宜上ここでは連句と書きますが、この連句的な季題の見方とはどのようなものでしょうか。岡崎氏は季題を和歌、俳諧連歌、俳句と歴史的に紐解きながら、こう述べています。

かくの如く和歌の題は主題であり、季の題は其中で恋、雑の題に対立して始めて意味あるものである。（略）

連歌俳諧における季の題といふのも、結局その完全な姿は、この和歌的な主題であり、雑の題に対立したものであつた筈である。然るに連歌俳諧では別に「季の詞」といふものが重大な位置を占めるに至り、これが季の題を圧倒する事になつて、両者の間に混線を生じたのである。（略）併しながら発句は必ず其時節の物をよみ入れなければならず、往々にしてそれが主題的意味を持ち得るが為に、発句において特に季物、季詞の問題は重要性を持ち、又季の題と混合する可能性が多いに相違ないのである。[15]

岡崎氏の見方は虚子が季題を絶対視しているのとは対照的で、恋や雑によって相対化されるものとして捉えています。和歌においては恋や雑と相対化される季の題が、やがて連歌、俳諧における季の詞と混同され、発句隆盛になるとさらに季が重視され、季の題と同一視されていった歴史の流れを整理しています。季題の歴史を踏まえると、寅彦の季題観というのがよく見えてきます。

必ず季節の言葉を使うという約束の下で詠まれる連歌、俳諧の発句が独立し発展した俳句では、虚子の言うように季節が重要な位置を占めることは、そもそもの成り立ちから言っても当然です。しかし連句の中に置いてみれば、発句は始まりの一句にすぎません。「俳諧の本質的概論」において、「歴史的に見ても連俳あっての発句である」と連句を高く評価している寅彦は、こうも言っています。

連句の変化を豊富にし、抑揚を自在にし、序破急の構成を可能ならしむるために神祇（じんぎ）、釈教、恋、無常が適当に配布される。そうして「雑（ぞう）の句」が季題の句と同等もしくは以上に活躍する。季題の句が絃楽器であれば、雑の句は色々の管楽器ないし打楽器のようなものである。連俳を交響曲たらしむるのは実に雑の句の活動によるのである。

「連句は時代の空気を呼吸する種々な作者の種々な世界の複合体」（同）とも述べる寅彦は、季題は時間と空間を規定する大変重要な要素ではあっても、恋や雑など様々な面がある中の一つに過ぎない、と考えていたことがわかります。絶対視しているのではなく、相対的に捉えているということです。

藤の実、落椿、銀杏散るという自然現象（季題）と、家族のよくない出来事、いわば「雑」の話の両方を「藤の実」という随筆に収めているのは、そうしたさまざまな「音」を奏でるのが連句であるという寅彦の連句観とも重なってきます。

さらに言えば、偶然かもしれませんが、この作品で三つの主たる話題である藤の実、銀杏散る、家族のよくない出来事という並べ方も興味深いものです。

藤の実は冬です。銀杏散るは一般的には秋ですが、先に挙げた寅彦の銀杏散るの句「本堂の屋根に散らがる銀杏かな」は「夏目漱石に送りたる句稿　その十六」の中の一句で、並びを見ると大根と菊の句にはさまれたところに書かれてあります。大根は冬、菊は秋ですが、さらに視野を広げて当該の句稿内を見渡すとほぼすべてが冬の句です。もしかしたら、冬の季題と認識していた可能性があ

り、そうでなくても非常に季の近いものだと認識していたことがわかります。そうすると、藤の実、銀杏散ると冬もしくは冬に限りなく近い季が並ぶことになります。さらに次の家族の良くない出来事という話題は季節の現象と無関係の、思い切った話題の転換となります。つまり、この随筆は連句の第一である発句、発句と同じ季であることを求められる脇、変転の始まりである第三という連句の冒頭、すなわち「三つ物」の構成になっているのではないでしょうか。

寅彦は、「俳諧の本質的概論」で、「発句から脇と第三句に到るまでを一つの運動の主題と見ることも出来」「三句に百韻千句のはたらきがあり」と述べています。随筆の三つの話題を連句的に解釈すると、世界のあらゆる場所で起こっている「潮時」の現象（百韻千句）をこの三つの話題（三つ物）が象徴しているとも読めるわけです。まるで身近な現象の実験から、世界を支配する自然法則を読み取ろうとする科学者のようでもあります。

このように、「藤の実」の話題を季題という視点から捉えると、まったく違った読み方ができるのです。

四、「偶然」と「風土」

この作品を読んでいると、当時の寅彦が影響を受けたであろう人物が二人浮かび上がってきます。一つ目のキーワードは「偶然」です。寅彦は「藤の実」の話題を総括し、「これが偶然であると云

えば、銀杏の落葉も矢張偶然であり、藤豆のはじけるのも偶然であるのかも知れない。又此等が偶然でないとすれば、前記の人事も全くの偶然ではないかも知れないと思われる」と述べます。物理学の事象から植物、日常生活と広い分野のことを自在に行き来する寅彦の面目躍如といった感がありますが、「偶然」という言葉でまとめているのは興味深いことです。寅彦は大正九年頃から執筆をはじめ、ついに未完のまま終わった「物理学序説」の第八章で、「原因あるいは条件と考えるべき箇条が限りもなく多数で複雑でありまた原因の微少な変化によって生ずる結果の変化が有限である場合にはその結果は全く偶然である。しかし複雑さが完全に複雑であればそこに自ずから一つの方則が成立しこれによって統計的に種々の推論をする事が出来るのである。」と書いています。この言葉を踏まえれば、先の寅彦の言葉は、銀杏の落葉や藤豆の射出にはある種の「方則」があるのかもしれないし、ないのかもしれない、と述べていることになります。そして前者であれば、「統計的に種々の推論をする事」が可能になります。この作品においては「潮時」と言われているものがそれでしょう。

この寅彦の「偶然」の観念は、寅彦自身が訳し同書に附録したフランスの数学者ポアンカレの「偶然」にもある、「吾人の見逃すような微細な源因から見逃そうにも見逃せない著しい結果が定まってしまう、そうするとこの結果は偶然によると云うのである」といった考え方に大きく影響を受けています。

ポアンカレはピカソとアインシュタイン双方に多大な影響を及ぼし、西欧モダニズム運動を唱道した人ですが、夏目漱石の『明暗』における言及や、堀辰雄、ポアンカレの著作を翻訳した数学者で随筆家の吉田洋一など、日本の文学にも影響を与えています。

寅彦もまたその一人です。漱石にポアンカレの「偶然」の概念を教えたのは寅彦だとされています し、連句という複雑な文芸についてリーマン幾何学を引き合いに出し、「連句というものの独自な面白味は正にこの複雑な自由さにかかっている」（「連句雑俎」昭和六年）と言った寅彦は、ポアンカレの「偶然」の概念を踏まえて理解していたらしきところがあります。さらに言えば、パラダイムシフトに伴う世界観の変化を根本に置いた西欧モダニズムの動きを意識していた人ではないかと思います[17]。藤の実、落椿、銀杏散るといった自然現象と、良くない出来事が続けざまに起こる日常を「偶然」という言葉で同列のものに並べていく手腕は、まさに連句の付句を見ているようです。

おそらく寅彦にとって、今いる世界は、まだ明らかになっていない物理学の法則に支配された、ポアンカレの言うところの「偶然」に満ちたものであるという認識だったのだろうと思います。そして、そうした複雑な世界のありようを随筆において記していくときに、連句的な発想や手法が現れるのではないかと考えられます。

二つ目のキーワードは「風土」です。これは和辻哲郎の著書『風土』（昭和一〇年）を指します。和辻は漱石門下で、木曜会に顔を出しており、日記を見ると大正七年くらいからしばしば寅彦とも会ってカフェーに行ったりしていたようです。また大正九年に太田水穂、阿部次郎、安倍能成、幸田露伴らが参加した「芭蕉研究会」、引き続き大正一五年に始められた「芭蕉俳諧研究」に和辻も参加しています。そのメンバーの一人である小宮豊隆から寅彦は芭蕉俳諧を学んでいたので、俳諧につ

いての考えも非常に近い場所にいたと思われます。交流は晩年まで続き、寅彦の次女・弥生の日記（高知県立文学館蔵）には、病に伏す寅彦の元に和辻哲郎が紅白のバラを持って見舞い、その花を見た寅彦が、「こんなきれいな物のある世の中にどうにかしてもう一度なほりたいものだ」と言ったことが記されています。さらに、寅彦が亡くなった翌年、和辻は「寺田さんは自然現象、文化現象のいっさいにわたる探究者であって、ただに物理学者であったのみではない。」[18]と書いており、寅彦の本質を理解していた一人でもありました。

和辻と寅彦の著作を読み比べてみると、一方的にではなく、相互に影響しあっていたのではないかと思われます[19]。以下、寅彦が影響を受けたと考えられる部分を挙げてみましょう。

最晩年に書かれた寅彦の「日本人の自然観」（昭和一〇年）の末尾に、和辻哲郎の「風土」に大きな影響を受けたと書いていますが、この一月前に刊行された『風土』の初出はそれよりもかなり前で、この後で引用する「芸術の風土的性格」の部分は昭和三年に世に出ています。そして「藤の実」と同じ時期に書かれている寅彦の「天文と俳句」などを読んでいると、モンスーン地帯とそれ以外の人々の季節観の違いに言及していることから、明らかにこの頃には和辻の「風土」を読んでいた、もしくは和辻の考えをどこかで聞いていたのではないかと思われます。

「藤の実」について、その連句的手法については前節でも詳しく見た通りですが、和辻が連句をはじめ、東洋の芸術について考察している部分を重ねてみると、その意義が非常に見やすくなります。

和辻は絵巻物のまとめ方を挙げ、「この種の特殊なまとめ方を思うとき、連想は我々を文芸の一つ

の特殊な形式「連句」に連れて行く。」と言い、類似した文芸について言及します。

かけ詞による描写のごときがそれである。内容的には何のつながりもないように見えるものが、ただ言葉の連想によって次から次へ並べられる。内容の論理的な脈絡に従って描写するやり方に比べると、これはまさしく非合理的のはなはだしいものである。しかしこのような連想による言葉の羅列が、全体として強く一つのまとまった情調を浮かび出させる。[20]

そして和辻は、「徹底的に征服するということを人間に望ませないほど暴威に富んだ自然からその暴威の半面としての潤沢な日光と湿気を利用して豊かな産物を作り出そうとする東洋人」が持つ「あらゆる生物の一であることを信ずる湿潤な地方の極度に感情的冥想的な生き方」をそこに見ています。寅彦は「連句雑俎」において日本の自然の空間的多様性（景観や地質）と時間の多様性（季節）に言及し「歌仙式」と論じていますが、おそらくこれなども「風土」の影響があるのではないかと思います。

このように、連句的手法が東洋のあらゆる文芸を象徴する特徴であったと当時論じられていたのだとすれば、寅彦もまた「藤の実」の執筆でそのことを意識していたと考えるのが自然です。西洋的に問題を分析するのでなく、一見つながらないものを連想によって並べ、一つのまとまった情緒、「藤の実」においては「潮時」を読み解こうとする、とも解釈できます。寅彦は明治以降に生まれた科学者ですから、観察や分析などは最初から西洋科学の方法を学び身に着けているのですが、あえて東洋的な見方を随筆において行うことで、自然を複眼的に捉えようとしていたのではないでしょうか。

五、まとめ

「藤の実」について、文学的な考察をしてきました。とても短い作品ですが、これは備忘録であると同時に、連句的手法を活用して今寅彦が見ている世界を写した試みであり、身近な出来事から「潮時」という現象を読み取る実験である、と言っていいでしょう。

また科学者として分析的で論理的な西洋の自然観を持つのみならず、連句的手法を随筆に取り込むことで東洋的な自然観で対象をとらえることも意識的に行っていたのではないかと指摘しましたが、そうした複眼的な自然観が、文学者としても、また科学者としても独自の興味深い視点を提示し得た理由だと考えられます。

科学と芸術の壁をやすやすと越え、「二人（注：科学者と芸術家）の目ざすところは同一な真の半面である。」（「科学者と芸術家」大正五年）と喝破した寅彦の真骨頂を、この作品からは読み取ることができると言えるでしょう。

六、参考文献と注

［1］ "On the Mechanism of Spontaneous Expulsion of Wistaria Seeds" (with M. Hirata and T. Utigasaki),

Scient. Pap. Inst. Phys. Chem. Res., XXI, pp.233, 1933.（「理化学研究所彙報」）。
[2] 平田森三「藤の莢」、『キリンのまだら　自然界の統計現象』中央公論社、一九七五（昭和五〇）年二月。
[3] 上田壽『寺田寅彦断章』高知新聞社、一九九四（平成六）年七月。
[4] 小山慶太『寺田寅彦　漱石・レイリー卿と和魂洋才の物理学』中央公論新社、二〇一二（平成二四）年一月。
[5] トム・ガリー、松下貢『英語で楽しむ寺田寅彦』岩波書店、二〇一三（平成二五）年二月。
[6] 山田功『教科書に掲載された寺田寅彦作品を読む』リーブル出版、二〇二〇（令和二）年四月。
[7] 池内了『寺田寅彦と現代　等身大の科学をもとめて』みすず書房、二〇〇五（平成一七）年一月。
[8] "On The Motion of a Peculiar Type of Body Falling through Air — Camellia Flower" (with T.Utigasaki), *Scient. Pap. Inst. Phys. Chem. Res.*, XX, pp.114, 1933.（「理化学研究所彙報」）。
[9] 池内了『ふだん着の寺田寅彦』平凡社、二〇二〇（令和二）年五月。
[10] 井本農一『季語の研究』古川書房、一九八一（昭和五六）年四月。
[11] 筑紫磐井「伝統的季題論の探求——昭和十年代季題研究の体系化と吟味——」、「俳句文学館紀要」第八号、一九九四（平成六）年八月。
[12] 高浜虚子「自序」、『虚子句集』春秋社、一九二七（昭和二）年六月、引用は『定本　高浜虚子全集』第一一巻　毎日新聞社、一九七四（昭和四九）年四月。
[13] 高浜虚子「俳句に志す人の為に」、「ホトトギス」一九三一（昭和六）年一月、引用は[12]に同じ。

[14] 穎原退蔵『俳諧史の研究』星野書店、一九三三（昭和八）年五月。

[15] 岡崎義恵「季題の意味」、「俳句研究」一九三五（昭和一〇）年九月。

[16] 山田孝雄『岩波講座　日本文学　連歌及び連歌史』岩波書店、一九三二（昭和七）年四月。

[17] 永橋（川島）禎子「物理学者・寺田寅彦の連句」、「稿本近代文学」第三七号、二〇一四（平成二四）年一二月、「寺田寅彦の連句とモダニズム」、「高知大国文」第四六号、二〇一五（平成二五）年。

[18] 和辻哲郎「寺田寅彦」昭和一一年、引用は和辻哲郎『黄道』角川書店、一九六五（昭和四〇）年九月。

[19] 寅彦が和辻に影響を与えたのではないかと考えられる一例は以下の通り。『風土』の「芸術の風土的性格」（昭和三年初出）には連句の展開を「偶然」に任せられるとしているが、寅彦がポアンカレの「偶然」を翻訳したのは大正四年七月である。また同章で和辻は絵巻物の構図の展開を「音楽の展開のしかたに似たものである」と述べ、この種の特殊なまとめ方を連句という形式に結び付けているが、寅彦は「日本文学の諸断片（V）」（大正一三年）の中で、「（寅日子）しかしともかくも、連句が他の詩形に比べてよほど飛び放れて変っている事はたしかである。むしろある意味で音楽と似通った点が多いように思う。」と述べている。

[20] 和辻哲郎『風土』「芸術の風土的性格」、引用は『和辻哲郎全集』第八巻、岩波書店、一九六二（昭和三七）年六月。

※ 寺田寅彦の引用は『寺田寅彦全集』（岩波書店、一九九七（平成九）年）、細谷暁夫著『寺田寅彦『物理学序説』を読む』（窮理舎、二〇二〇（令和二）年一二月）に拠った。

付録

十五メートルも種子を射出す

藤の莢の不思議な仕掛

平田森三

生きる努力

地球上に生きて居るものは何でも自分達の仲間を広く蔓(はびこ)らせようと努力しておるように見えます。動物はさて措(お)き、植物は一旦地上に根を下してしまうともうそれ以上大して移動出来ないので、その代りに自分達の子孫を遠方へ撒布(さんぷ)して次の時代の繁栄を計るために様々の工風を凝らして居ます。いろいろの手段で種子を動物に運搬してもらうものもあれば、種子が気流に乗って遠く飛行するものもあります。処が、そんな動物の助力だとか気流等に頼らないで、親が自分自身の力で直接種子を遠方に投げ出そうと試みる別の一派があります。藤の実はその内でもすばらしい一例です。春、美しい花房(はなふさ)を垂れていたのがやがて実り、晩秋に至ってその莢(さや)から種子を射出する機巧は実に巧妙を極めています。

一　藤の実の乾燥

今まで閉じていた実を急に弾かせる直接の原因は莢の乾燥であります。夏の間は青くて水々していた実は秋になると次第に褐色に変じ硬くなって来ます。そして適当な気象状態、例えば今まででしばらく降りつづいていた雨が急に霽(は)れ上って晩秋の典型的気圧配置となり大気の温度が著し

く降下してくると、一株の藤に垂れ下っているどの実もどの実もが皆んな申し合せたように相続いて引っきりなしに弾け出します。しかもその勢いはたいへん烈しいもので、藤棚から十一メートルも離れた処にある障子に衝き当ってパンパンと音を立てる程です。もし障子がなくて地面まで自由に飛ばせたら十五メートル位は楽に行くだろうと思われます。

二　種子は莢からどの方向に射出されるか

藤の実の外見は写真に示したように細長い扁平状のものです。藤の実の内部には直径一センチ位の円いレンズ型の種子が二箇から六箇位両側の莢に一つおきに順序よく附着しています。附着点は何れも莢が自然に弾け始める側になっていますが、そこから弾き出された種子の飛んで行く方向は弾け始める側から左右にそれぞれ百度乃至百五度位の処にあります。

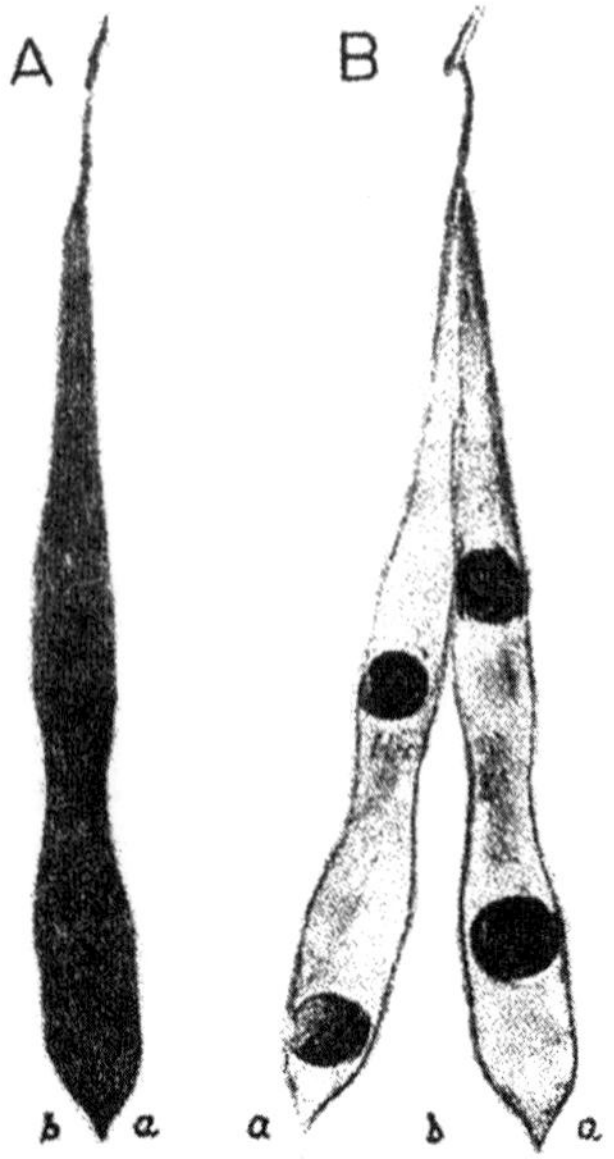

藤の実。A：弾けない前。aの側から弾け始める。　B：内部に種子の排列している状態を示す。

即ち、初めの莢の真横の方向から少し後ろ側に偏っている訳ですが、このことが次に説明する通り種子の射出に関してなかなか重要な意味を持っているのです。

三　種子の射出される機巧

種子が射出された直後には両側の莢はそれぞれ逆の方向に少し捩れております。その角度をϕとします。即ち弾ける前から莢は既に角度ϕ宛［ずつ］て左右に捩れようとしていたのに無理に口を合せられていたことになるのです。いよいよ堪えられなくなって図1［の2］のように急に口を開くと、種子は口のすぐ傍（わき）の点で附着しているのですから、莢の開いた反動で附着点の周りに廻転を始めます［図1の3］。そして図1の4の位置まで来ると掛金が外れて矢の方向に飛び出します。従って、この方向は元の莢の対称軸から見れば（90＋ϕ）度廻った処に当っている訳です。

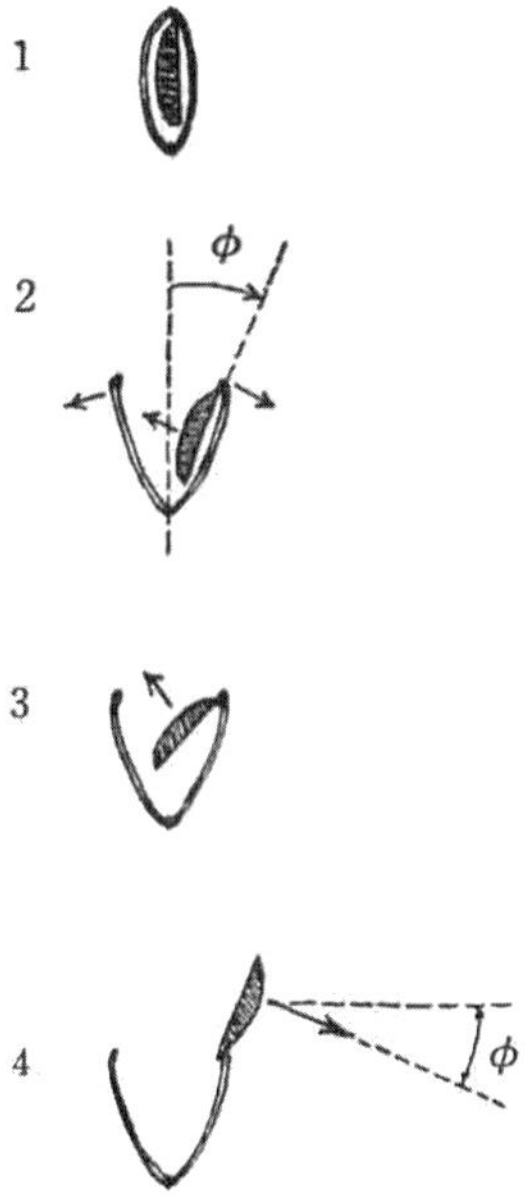

図1　藤の実の横断。莢が弾けて種子の射出（いだ）す状態を示す。

四　種子を射出する力

よく乾燥した藤の実を手で持って机を叩くとキンキンと癇高い如何にも硬そうな音がします。両端を指でつまんで捩ろうとしてもなかなか強い抵抗を感じます。事実適当な測定機械に掛けて捩りの剛さを測って見ますと木材等よりは遙かに大きく、金属中でも相当に硬い鋳鉄の剛さに相当しているのだから驚きます。

前に述べましたφ、即ち弾ける瞬間に於ける莢の捩れは長さ二十センチのものの両端に於いて約十度ですから、これを無理やりに元に捩じ戻すとしますと、測定の結果は六億エルグ、云い換えますと一トンの重量のものを重力に逆らって約六ミリ持ち上げるだけのポテンシャル・エネルギーが莢に貯えられていることになります。このエネルギーが種子の射出に全部有効に消費せられたとしますと、一つの莢に平均〇・五グラムの種子が三箇這入っているとして、各種子に与えられる初速は毎秒四十一メートルに達します。藤棚の高さを三メートルとしますと、これだけの初速で射出された種子は途中の空気抵抗のことを勘定に入れて約十八メートル遠方の地面にとどくことになります。以上は極く概略の計算ではありますが、前に述べた通りの実際の放射距離が十五メートルにも達することをかなりよく説明していると思われます。

五　莢の構造

莢は唯の一枚板ではなくて図2に示すように大体五つの層から出来上がっています。一番外側［a］は褐色でたいへん硬く外面には天鵞絨（ビロード）のような繊毛が密生しています。その次の層［b］には稍（やや）太くて硬い繊維が平行に並んでいてその間を膠（にかわ）状の稍（やや）軟かい物質が埋めています。一寸（ちょっと）、骨の太い簾（すだれ）を寒天に包んだような状態です。その下の層［c］は膠状質（こうじょうしつ）のものばかりです。次の層［d］は白い木材に似た物質から出来ています。一番内側［e］は白い木質の層と同じですが、綿のようでたいへん軟かで種子を包む蒲団の役目をしています。

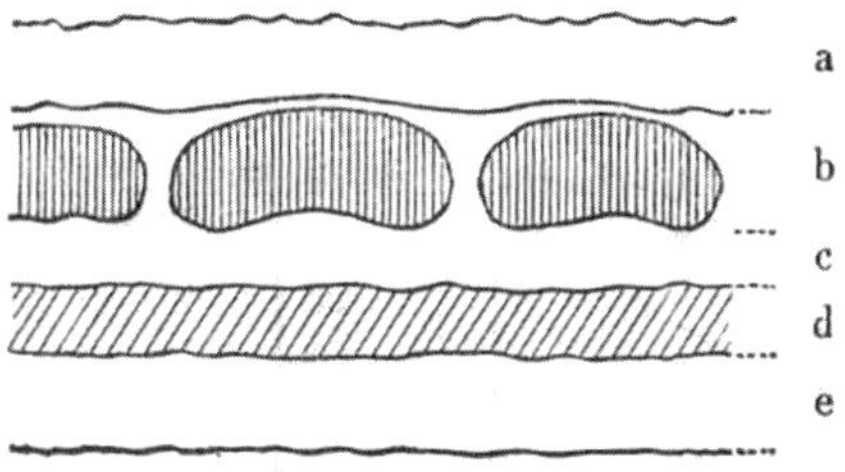

図2　莢の横断面

以上の各層の内（うち）膠状質の層を除くａｂｄの三層はいずれも平行な繊維組織になっていて、その方向は図3に示すように莢の長軸に対して特定の傾斜をしています。X線を利用してこれらの繊維組織内の分子の排列の状態を調べてみますと、肉眼で見分けられる筋の方向にちゃんと規則正しい結晶の構造を持っていることも分ります。

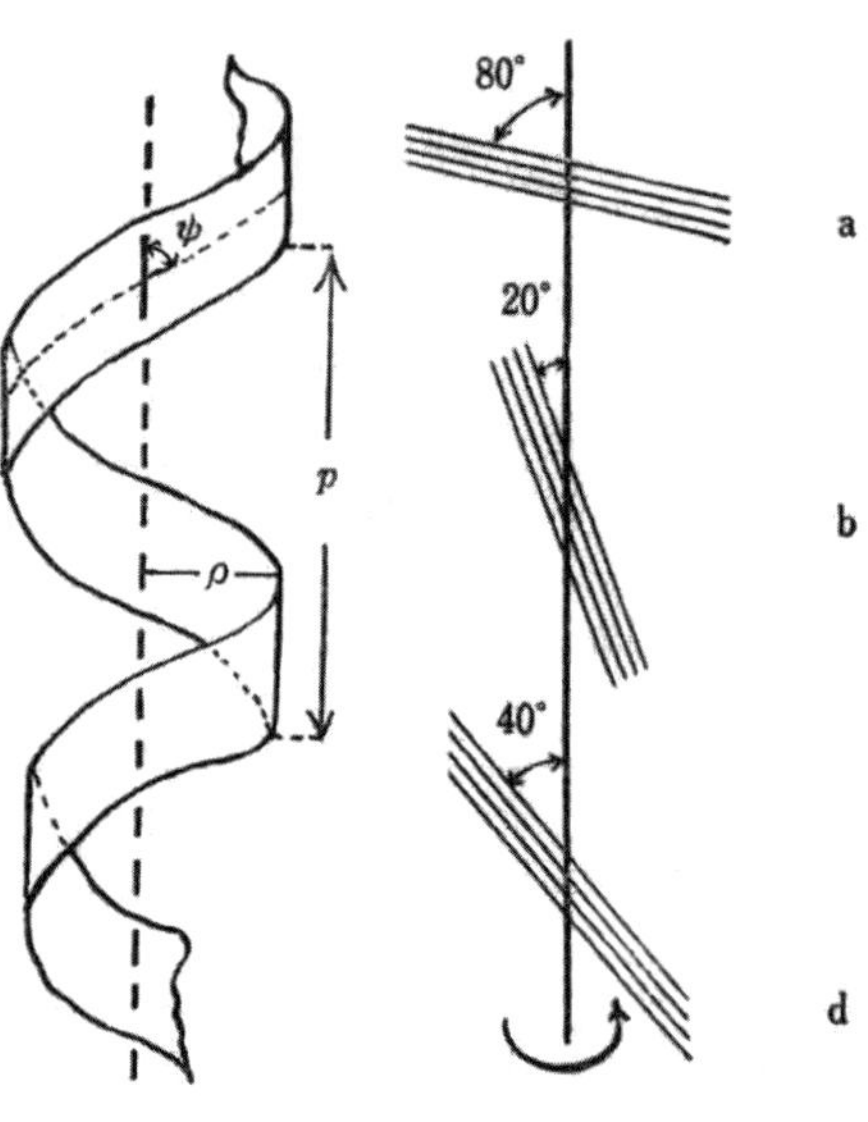

図4　莢の捩れ方

図3　莢の長軸に対する各層の繊維の傾斜。莢は矢の方向に捩れる。

扨て、以上の五つの層の内で一番湿気の影響を受けるのは膠状質cです。これは湿っている時は軟かですが水分を吐き出すと収縮してコチコチになります。従ってb層はその繊維の方向を軸として内側に彎曲します。a層d層もそれぞれの繊維の軸の周りに曲ろうとします。勿論その分量はb層に比べれば非常にわずかではありますが、ともかく此等各層が扶け合った結果として莢全体が図4のように捩れて来ます。この捩れ方は一定の太さの円筒に細長い飴板を巻きつけたような恰好です。乾燥の度が進むにつれてこの巻き方が密になります。種子を射出するためには莢が捩れなければならないことは既に申し述べました。しかしただ捩れるだけに何故に幾層も重ね合せたこんな複雑な層を作り、しかもこんな特種な捩れ方をする必要があるかに就いて今のところ私共にはまだ理解しきれないことが沢山残されています。

初めに藤の実は動物や風の力を借らず[り]自力で種子を射出すると申しましたが、今までお話ししたようにいろいろ験(しら)べてみると結極は空気の乾燥を頼りにして膠状層が硬くなることが分って来ました。弾けるまでは自由に捩れようとする莢が無理に引きとめられてあるのは、謂わば空気銃の弾機を充分に圧縮して待っているようなものですが、扨(さて)、頃を見計らってその引金を引くのは誰がやるのでしょうか。いずれ、莢の合せ目の処に秘密があるのでしょうが、ここでも造化の驚異に対する一種の怖れを感じないわけには参りません。

（『子供の科学』昭和八年十月号、第十八巻第四号）

※掲載に際して、旧漢字・旧仮名遣いは新字・現代仮名遣いに改めましたが、原文の趣を損なわないように努めました。なお、本稿は『キリンのまだら』（中央公論社および早川書房）では「藤の莢」と題して掲載されましたが、本書では『子供の科学』（誠文堂（現：誠文堂新光社）発行）に初出のまま掲載しました。文中に施した校注箇所［　］は、『キリンのまだら』の編集に基づき参考付記しました。

付録

破片（抄）

吉村冬彦
（寺田寅彦）

十三

九月中旬になって東京の街路を飾るプラタヌスの並樹が何か想出しでもしたように新しい芽を出して居る。老衰して黒っぽくなりその上に煤烟に汚れた古葉のかたまり合った樹冠の中から、浅緑色の新生の灯が点々として点って居るのである。よく見ると、場所によってこの新芽のよく出揃ったところもあり、又別の街ではあまり目立たないところもある。更に又、同じ場所でも、一本一本見て行くと樹によって多少ずつの相違があって、或る樹は一面に浅緑で蔽われているのに、すぐ近くの他の樹ではほんの少ししか新芽が見えないと云ったような風である。

いつであったか、街燈の照明の影響でこの樹の黄葉落葉に遅速があるということが、何処かの通俗科学雑誌の紙上で問題になったことがあるように記憶するが、併し現在の新芽の場合では、街燈との関係はどうも余りはっきりしないようである。

本郷大学正門内の並木の銀杏の黄葉し落葉するのにも著しい遅速がある。先年友人M君が詳しく各樹の遅速を調べて記録したことがあって、その結果を見せて貰ったことがある。それが、日照とか夜間放熱とか気温とか風当りとかそういう単なる気象的条件の差異によってこれ等の遅速を説明しようと思っても、中々簡単には説明されそうもないような結果であった。又根の周囲の

土壌の質や水分供給の差異によるとも思われなかった。それから又、関東震災のときに焼けたのと焼けなかったのとの区別によるのではないかとの説もあったが、中中それだけのことでは決定されそうにない。そういう外部の物理的化学的条件だけではなくて、もっと大切な各樹個体に内在する条件があるのではないかと素人考にも想像されるのであった。勿論生物学をよく知らない自分には本当のことは分らない。

この銀杏でもプラタヌスでも、矢張一種の生物であって見れば、唯の無機物のようにそうそう簡単でないのは寧ろ当然のことであろう。

それは兎に角、こんな一寸した例を見ただけでも、環境の作用だけで「人間」を一色にしようとする努力が無効なものである、という、その平凡な事実の奥底には、普通政治家教育家宗教家達の考えているとは可なり違った、自然科学的な問題が伏在していることが想像されるようである。

(『中央公論』昭和九年十一月)

※掲載に際して、旧漢字・旧仮名遣いは新字・現代仮名遣いに改めました。

付録

雪子の日記

（昭和七年十二月—昭和八年一月）

昭和七年十二月七日和楽堂喫茶店の階段から落ちて怪我をしてお友達の世話になり正二の迎で帰宅、溝淵さん高木さんの診察を受け十二月九日午後三時過大学医院整形外科第七室に入院　受持医員石原医学士、附添看護婦鈴木さん宮嶋さん、父は九日夜名誉教授講師室で一泊、正二とつるとは夜帰宅

見舞人　八日　藤岡母子、坪井君、松沢君

九日　藤岡、溝淵夫人、友枝夫人、筒井夫人、松根さん

九日夕方レントゲン写真三枚（肩二枚、脚一枚）、右肩鎖骨外１―３位の処で骨折、絆創膏で右腕固定

嘔気は七日帰宅後より頻繁　八日朝頭部を冷し始めてより次第に減退八日昼過より止む

八日夜蜜柑１―４、ドロップス数顆

九日、朝りんご汁、昼と午後アイスクリーム少量

十日、[*1]晴

九時半頃高木教授来診　左眼の反射機能が昨日よりずつとい丶と云はれる。面会を謝絶する必要があるとの事」左側の幼児朝退院」弥生九時過来て十一時半山脇へ」午後一時半レントゲン、頭部三枚、脚二枚、

［図中に］1932 Dec 10　メロンと湿布用硝散水

二時頃母上が来て父は帰宅、食事理研へ行つて長岡先生と用談して帰宅　一寝入りしやうとすると間崎さんと野並さん、友枝さんが見舞に来られた、

五時半頃父は上野風月へ行つてシュークリームを買はうと思つたら売切れであつた、それで松坂屋で鳥取梨を一つと看護婦さん達の夜中の為にパンを買つて病院へ行く、母と弥生は帰へす。母は下平さんへ酒井さんの音楽会切符代を届けに行く筈

牛乳半本、ウェーファース三枚、リンゴ少〻

十一日

朝ウェーファース五枚、昼オモ湯一五〇、四時シュークリーム　夜牛乳一〇〇　ドロップ二つ　メロン少し

[右図中に] Le matin「注：朝（仏語）」 10 Dec　此れは丸で七つや八つ位の子のやうに見えるが心持はそんなものかも知れません
[左図中に] 筒井さんの奥さんから頂いた花の萎れ残つたのに鈴木さんが水仙と矢車を挿し添へて下さつたのです　十二月十日

午前父、写真二枚（病床の）とる、午後弥生、次に父 それからツネ、夕方母、夜父

宅へ見舞人、北川順、伊野部ミカ、（電話）酒井悌さん 小宮

父は丸善食堂で九大の桑木さんに逢ふ、松屋でベコニアの鉢を求む、鍋町風月へシュークリームを買ひに行つたが売切、上野風月のを買つて来る

十二日 月曜、晴、暖、南風強し夕方より少雨

朝つね、昼過父、溝淵さん、父は学士院へ行く、酒井悌氏夫人見舞に来られ花を見舞に頂く。次で正二、弥生、つね、夕方より父来る

石原さん廻診、食事は大抵のものは宜しい、頭部レントゲン不明瞭故今日又取り直す、二枚とる、高木教授も来診、耳鼻科の人に耳を見て貰ふ。
朝、ウェーファース二、梨1―3、昼ウェーファース四　ドロップス4。葡萄汁少々
夜粥と茶碗むし、（粥は一杯）
宅へ見舞人、北川花江、芝君夫人、藤岡君

十三日、[*2] 火曜、晴
午後手術をする筈で朝飯昼飯は取らず

午前弥生来、午後二時、父、地震研究所の帰りに寄る、クリスマスのキャンデー、
三時頃手術の為レントゲン室へ行く、其留守に西村校長、阿部知二先生、学友カミクラ嬢見舞に来られシクラメンの鉢を貰ふ。手術中岡上さん来る。三十分位で手術終了。鎖骨骨折部工合よく殆ど正常の位置に復し絆創膏で繃帯固める。
岡上さんと入代りに弥生来

〔図中に〕病室の窓から豊国の方を見た風景、此の町角の自動車屋時々騒音を立てる［注：豊国は牛肉屋。随筆「病院風景」参照］

十四日　晴、水曜
異状なし、朝粥二杯、母上御使の序（ついで）による　近藤先生よりお使ひ、御見舞に花一束頂戴
一時過父来、石原先生廻診、三時頃総廻診　酒井亭子御見舞に来る。夕方弥生
ベットに鉄格子を入れる
父は夜小宮松根さんと会合[*3]

十五日[*4]　木曜　晴
午後弥生、父、岡上さん、岡上さんより御見舞ブック入チョコレート、正二
宅へ酒井悌氏夫妻、鎌倉海老数尾
頭を打つと知覚がなくなる、それから気がついても頭が痛んで動かせない、此れは天然自然の保護だそうである。もし少しでも頭を動かしたりす

ると益〻危険になる、それを動かせなくする為に痛くするさうである

よく鎖骨が折れる、此れも鎖骨が折れる事によつて肋骨の折れるのや内臓の劇動を保護するさうである、此事は耐震家屋構造に一つのヒントを与へる*5

〔図中に〕14th Dec '32

十六日　金曜

昼レントゲン、少し移動せり

午後、貞子、阿部知二先生、溝淵夫人、正二、大杉さん（盆栽）、弥生宅の方へ坪井夫人（花）

朝　フランスパン、牛乳

昼　粥二、ひらめの煮付

夕　ナシ

十七日*6　晴

宮嶋さんを帰へす。氷袋がいらなくなつたから
朝粥、海老煮、豆、昼ナシ、夕粥　大根
弥生、父、母、ツネ

十八日。
朝、粥、大根、豆。昼サンドヰッチ、夕粥、鮭燻製
青山さん、横山さん、吉村さん、弥生
中久保、青木、山口、松村、父
宅の方へ間崎夫人、メロン二個

十九日、[*7]月曜
朝、菓物（リンゴ、ミカン）、昼、粥、煮魚、コンニャク白アへ、漬物、夜催眠剤
廿日、[*8]晴　火曜
入院来はじめて便通あり
父、岡上さん、弥生、正二、」岡上さんチョコと栗

朝、トースト、昼野菜うま煮、夕、スウィートポテト、夜催眠薬

廿一日　晴　水曜

父、母、弥生

朝玉子焼　粥、昼カステラ、夕粥　コロッケー、ブドー豆

宅水口さん夫人、菓物

廿二日　晴

朝カステラ、昼サンドヰチ（ハム ジャム）夕、カユ　ウヅラ豆　福神漬　タクワン

廿三日[*9]

朝、カユ、福神漬　ウヅラ豆　タクワン　昼オムレツ　粥、夕

今井さん（菓子）、亭子（チョコ）大杉さん（ドロップス）鶴、弥生　正二

廿四日、土、晴

朝、粥　鰹節

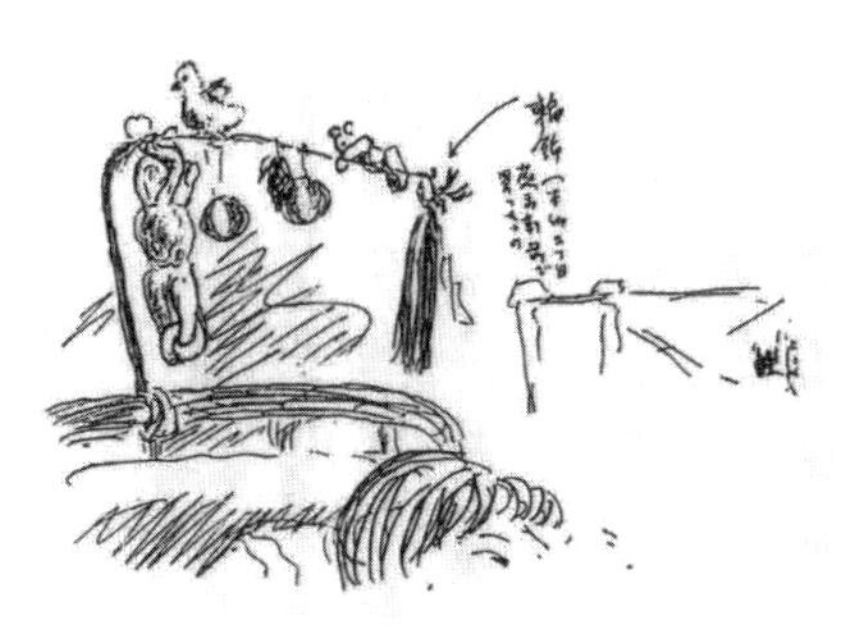
〔図中に〕輪飾（本郷三丁目燕楽軒前で買つたもの）

廿五日、日、晴

廿七日

卅一日の朝、[*10] 別室の患者四人程引越して来た　二人共子供で
一人は赤ん坊
卅日は室内の患者がたつた三人になつて静かでいゝやうでも
あり又何だか淋しいやうでもあつた、それに雨がふつて外は寒
かつた

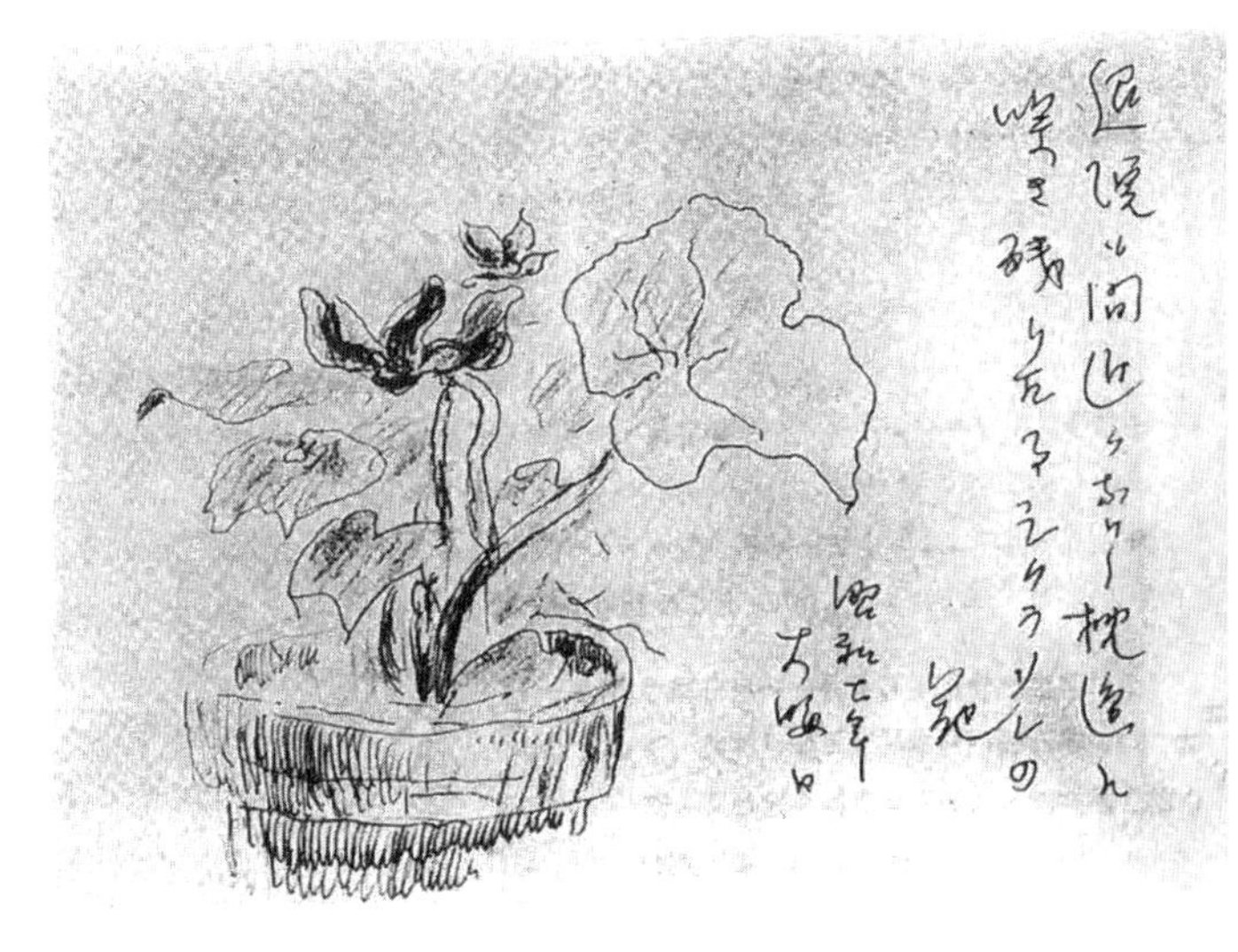

〔上図に〕
退院も間近くなりし枕辺に
咲き残りたるシクラメンの花
昭和七年大晦日

〔図中に〕病院自動車の行水
［注：随筆「病院風景」参照］

〔図中に〕めくら長屋　一月七日　［注：随筆「病院風景」参照］

大晦日は日本晴の暖かさで春のやうな日光が一杯にあけた病室の窓からベットの上にさし込んでシーツの上に陽炎（かげろう）が立つた、隣室から子供の患者が引越して来て急に又賑かになつた、赤ん坊の泣声と窓外森田屋の自動車出入の音とが大学病院交響楽を奏でる。窓から見下ろすと森田屋車庫の前にカナリアの籠がおいてあつて四五羽程飼つてある。[*11]

［昭和八年一月七日、晴れ］

東一[*12]はお父さんのコルネットを札幌へ持つて行つた、定めて近所が迷惑する事であらう　月寒牧場の真中でゝも吹けばいゝかも知れない

※掲載に際して、『寺田寅彦全集』（第十七巻・新版、一九九六―一九九九年、岩波書店）を底本としました。

雪子の日記　注釈

＊1　十日
長男東一、小宮豊隆、松根東洋城の各氏に書簡を送付。本書「藤の実」注釈も参照。

＊2　十三日
夕方、自宅で藤の実の〝爆発〟に遭遇。

＊3　小宮松根さんと会合
連句研究と思われる。

＊4　十五日
朝、一つの藤の実を火鉢で炙ったり、ハサミで切断するなど、射出の仕組みを検証。山田功氏の解説参照。

＊5　此事は耐震家屋構造に一つのヒントを与へる
廿日に随筆「鎖骨」として完成。

＊6　十七日
随筆「藤の実」脱稿。この日の朝、庭の藤の殻の捩れの強さ等を検証し、二度捩れたものが最多であることを確認。山田功氏の解説参照。

＊7　十九日
中谷宇吉郎氏に書簡。藤の実の〝天然のメカニズムの巧妙〟に驚きを示す。廿九日にも同氏に書簡。藤の実について絵入りで言及。川島禎子氏の解説参照。

＊8　廿日
随筆「鎖骨」脱稿。本書付録を参照。

＊9　廿三日
仙台に戻った小宮氏に、松根氏と連名で新宿モナミより〝連句興行中〟等と書簡。

＊10　卅一日の朝
寅彦日記には「朝松坂屋で造花、本郷通で輪飾を買ひ病院へ行、他室の子供四人、雪子の室へ引越し賑かになる。」とある。

＊11　窓から見下ろすと…
随筆「病院風景」参照。

＊12　東一は…
寅彦日記には一月一日に「東一帰京」とある。また同日、「夜中央公論原稿「銀座アルプス」最後迄書上げる。」とあり、執筆がいかに早く精力的だったかがわかる。

付録

鎖骨

吉村冬彦（寺田寅彦）

子供が階段から落ちて怪我をした。右の眉骨（びこつ）を打ったと見えて眼瞼（がんけん）がまんじゅうのように膨れ上った。それだけかと思って居たが嘔気のあるのが気になった。医者が来て見ると、どうも右肩の鎖骨が折れて居るらしいというので驚いて整形外科のT博士に診てもらうと矢張鎖骨が見事に折れて居る。然しその方は大した事ではない。それよりも右耳の後上部の頭蓋骨をひどく打ったらしい形跡があって、その方が甚だ大事だというので、はじめは大した事でもないと思った事柄が段々に重大になって来た。T氏の話によると、頭を打ってから数時間の間当人は一向平気で、いつものように仕事をして居て、そうして突然意識を失って倒れることがよくあるそうである。それは脳に徐々の出血があって、それが段々に蓄積して内圧を増す、それにつれて脈搏がはじめは段々昂進して百二十程に上るが、それでも当人には自覚症状はない。それから脈搏が段々減少して行き、それが六十位に達した頃に急に卒倒して人事不省に陥るそうである。それだから、頭を打ったと思ったら假令（たとい）気分に変りがないと思っても、絶対安静にして、そうして脈搏を数えなければならないそうである。そうして危険になったら脊柱に針を刺して水を取ったり色々のことをしなければならないそうである。

　自分も小学生時代に学校の玄関のたたきの上で相撲をとって床の上に仰向に倒され、後頭部をひどく打ったことがある。それから急いで池の岸へ駆けて行って、頭へじゃぶじゃぶ水をかけた迄は覚えて居たが、それから後しばらくの間の記憶が全然空白になってしまった。そうして、今

度再び自覚を恢復したときは、学校の授業を受け了せて、いつものように書物の風呂敷包みと弁当をちゃんとさげて、通りなれた河端道を半ば位迄歩いて来たときであった。そうして、いつものとおり、近所の友達と話しをしながら帰って来て居たのであったらしい。それに拘らずその間数十分、或いは一二時間の間の記憶が実に綺麗に消えてしまって居たのである。それから宅へ帰っても、叱られるのがこわいから、この事は両親にも誰にも話さないで居た。考えて見ると実に危険なことであった。

　こういう場合に対する上記のT博士のいったような注意は、万人が万人日常よくよく心得て居なければならないはずであるのに、今度という今度迄ついぞ一度も聞いた記憶も読んだ覚えもない。学校でも教わったかも知れないが、教わらなかったような気がするし、又新聞雑誌などでは兎角役にも立たない事や悪い事ばかり教わっても、この大切な事だけはどうも教わらなかったような気がする。教育が悪かったのか、自分の心がけが悪かったのか、両方が悪かったかである。こんな大事なことは学校でも新聞でも三日に一遍ずつ繰返し教えていいかと思う。

　天佑と名医の技術によって幸いに子供は無事に回復した。骨の折れたのも完全に元の通りになるのだそうである。

　鎖骨というものはこういう場合に折れるために出来ているのだそうである。これが、いわば安全弁のような役目をして気持ちよく折れてくれるので、その身代りのおかげで肋骨その他のもっ

と大事なものが救われるという話である。

地震の時にこわれないためにいわゆる耐震家屋というものが学者の研究の結果として設計されて居る。筋違(か)い方杖(ほうづえ)等色々の施工によって家を堅固な上にも堅固にする。こうして家が丈夫になると大地震で毀(こわ)れる代りに家全体が土台の上で横すべりをする。それをさせないと矢張柱が折れたりする恐れがあるらしい。それで自分の素人考えでは、いっその事、どこか「家屋の鎖骨」を設計施工して置いて、大地震がくれば必ずそこが折れるようにして置く。然しその代り他の大事な致命的な部分はそのおかげで助かるというようにすることは出来ないものかと思う。こういう考えは以前からもって居た。時々その道の学者達に話して見たこともあるが、誰も一向相手になってくれない。

然し今度自分の子供の災難が動機になってもう一遍こういう考えを練り直して見たくなった。どうも人間のこしらえたものは兎角欠点だらけであるが、天然のものは何を見ても実に巧妙に出来ている。人間の五体でも怪我をするとそこが痛む。動くとひどく痛むから仕方なくじっとして居る。じっとして居れば直るものはひとりで直るように出来ているものらしい。もし、これがちっとも痛くなかったら平気で動き廻る。動き廻れば創(きず)も骨折も中々直るときはないであろう。

腸胃が悪いと腹が痛かったり胸が悪かったりするから食物を食う気になれない。もしも何の苦痛もなかったら平気で何でも食う。食えばいよいよ病気が重くなって行くに相違ない。風邪を引

いて熱が高くなると苦しくて仕事が出来なくなる。寝たくなる。寝れば直るが無理すると肺炎になる。

これ等の平凡すぎる程平凡な事実の中に、実に驚嘆すべき造化の妙機のあることに今迄少しも心づかないで居たのが、今度の子供の災難に遇って始めて少しばかり分かりかけて来たような気がする。

犬や猫はこれをちゃんと心得て居るようである。そうして大抵の怪我や病は自然の力で直してしまう。人間は僅かの智慧に思い上って天然を馬鹿にして時々無理なことをする。そうして失わなくても済むのに二つとない生命を失う場合が多いように思われる。

医術というものは結局こういう造化の天然の医術の幇助者の役目を勤めるものであるらしい。名医は即ちもっとも優秀な造化の助手であるかと思われる。

肉体における医者に相当して、精神の医者もあるはずである。そういう医者に名医は甚だまれなように見受けられる。精神の胃が悪くて盛んに嘔気のある患者に無理に豚カツを食わせて見たり、精神の骨がくだけて痛がって居るのに無体に体操をさせて見たり、そうかと思うとどこも悪くない人間にギプス繃帯をして無理に病院のベッドの上に寝かせるようなことをする場合もありはしないかという心配がある。

それは兎に角われわれ弱い人間が精神的にひどい打撃を受けたときに、頭がぼんやりしたり、

一部の神経が麻痺して腰が立たなくなったり、何病とも知れない病人同様の状態になって蒲団を頭から冠(かぶ)って寝込んでしまったりする。あれも矢張造化の妙機であって、丁度「鎖骨挫折」のような役目をする為にどこかがどうかなるのかも知れない。

悲しいとき涙腺から液体を放出する。可笑しいとき横隔膜が週期的痙攣をはじめる。これも何か、もっとずっと悪い影響を救うための安全弁の作用をしているに相違ない。それで医術がもっともっと進歩すると、精神の怪我でもこれ等天然の妙機を人工的に幇助することによって楽に治療出来るようになるかも知れない。

自分が今ここでこんな空想を起こして居るのも、事によると子供の怪我でびっくりして少し頭が変になったせいかも知れないし、それならば又、こんな事を臆面もなく書く気になるのは、その天然自然の治療法を無意識に実行しているのかも知れないのである。

（『工業大学蔵前新聞』昭和八年一月、昭和七年十二月二十日脱稿）

※掲載に際して、旧漢字・旧仮名遣いは新字・現代仮名遣いに改めました。

寺田寅彦　略年譜

明治十一（一八七八）年　一歳（年齢は数え年）
十一月二十八日、父寺田利正、母亀の長男として、東京市麹町区で生まれる。姉（駒・幸・繁・夭折）とは年が離れ、唯一人の男の子であった。
明治十二（一八七九）年　二歳
父の転勤で名古屋に移る。
明治十四（一八八一）年　四歳
父は単身で熊本鎮台に転勤。祖母、母、姉と郷里高知大川筋の家に帰る。四年の間、父に逢わず。
明治十六（一八八三）年　六歳
土佐郡江ノ口小学校入学。
明治十八（一八八五）年　八歳
父の東京転任に伴い、一家上京、麹町区中六番町に住み、番町小学校へ通う。
明治十九（一八八六）年　九歳
父の予備役編入に伴い、五月に一家は東海道を人力車に乗って高知へ帰る。江ノ口小学校へ転入。言葉が違うことで村童にいじめられる。
明治二十三（一八九〇）年　十三歳
隣家に住む重兵衛さん（山本重蔵）の長男楠次郎さん（山本楠弥太）に英語を教わり、読書の世界も広がる。
明治二十四（一八九一）年　十四歳
七月末、高知県立尋常中学校の入学試験に失敗（翌年合格し、成績抜群により二年生に編入）。八月頃、肺尖カタルで休学。十二月頃、顕微鏡を買ってもらう。
明治二十五（一八九二）年　十五歳
高知県立尋常中学校入学。『佳人之奇遇』『経国美談』『帰省』『レ・ミゼラブル』『リンカーン伝』などに印象を受ける。中学時代から地理学だけは特別な興味を持つ。
明治二十九（一八九六）年　十九歳
七月、中学校を主席で卒業。九月、熊本第五高等学校入学。夏目漱石に英語を、田丸卓郎に数学と物理学を学ぶ。入学当初は父の勧めで造船学をやったが、製図に興味が持てず、田丸に相談し、中学五年時の希望どおり物理（理科）に転向。この頃からイギリ

スの科学雑誌 Nature を購読する。

明治三十（一八九七）年　二十歳

七月、阪井夏子と結婚。

明治三十一（一八九八）年　二十一歳

五月、田丸卓郎の下宿でバイオリンを聴き、自分でも購入。七月頃には漱石から俳句を学ぶようになり、漱石を通じて『ホトトギス』等へ投稿、掲載される。句作に病みつきになり、週に二三度も漱石の家へ通いつめる。この年から翌年にかけて漱石に見て貰った句は莫大な数に上る。

明治三十二（一八九九）年　二十二歳

七月、第五高等学校を卒業。九月、東京帝国大学理科大学物理学科へ入学。田中館愛橘、長岡半太郎に学ぶ。同月、漱石の紹介で根岸の正岡子規を訪ねる。その後、谷中の頤神院に下宿。

明治三十三（一九〇〇）年　二十三歳

春に高知から妻夏子を呼び、本郷区西片町に家を持つ。七〜八月、熊本より東京に引上げた漱石と子規の三人の交流が深まる。九月、漱石、イギリス留学。同月、田丸卓郎が東京帝国大学助教授となり、再び教えを受けるようになる。十二月、夏子、喀血。

明治三十四（一九〇一）年　二十四歳

二月、夏子を小石川植物園へ連れていき、団栗を拾う。同月、夏子、高知種崎へ療養に帰る。五月、長女貞子が生まれる。九月、寅彦、夏休み帰省中に肺尖カタルを患い、須崎で療養。大学は休学となる。この年から翌年にかけて、療養中に作った和歌は生涯の半数を占める。

明治三十五（一九〇二）年　二十五歳

この年、アメリカ人宣教師モアーと知り合う。三月、田丸がドイツ留学。八月、夏子を見舞う（これが最後の会見となる）。この月末、高知を発って上京し、小石川区原町に仮寓。同時期、藤沢旅行中に中学時代の英語教師、蓑田長政と出遭う。九月、正岡子規死去。十一月、夏子死去（二十歳）。十二月末、修善寺でレーリーの『音響学』を耽読する。

明治三十六（一九〇三）年　二十六歳

一月、漱石帰国。漱石宅に頻繁に出入、小品文などを『ホトトギス』に出す。七月、大学を卒業、大学院に進学。同月、文部省の委嘱により高知県下の海水振動の調査のため帰郷、九月、東京へ戻る。十一月、大学運動会でタイム係を務める（漱石作品『三四郎』参照）。

明治三十七（一九〇四）年　二十七歳

九月、東京帝国大学理科大学講師に就任。この年、初めて数篇の学術論文（音響学、磁気等に関するもの）を学術雑誌に発表する。

明治三十八（一九〇五）年　二十八歳

一月、漱石「吾輩は猫である」連載開始。八月、浜口寛子（ゆたこ）（十九歳）と結婚。十二月、小石川区原町十二番地に転居。ドイツより帰国した田丸宅も頻繁に訪問するようになる。

明治三十九（一九〇六）年　二十九歳

四月、「尺八に就て」を数学物理学会で発表。八月、小石川区原町十番地へ転居。十月、漱石の面会日が木曜午後三時以降と定められ、この会で松根東洋城、小宮豊隆、鈴木三重吉らと知り合う。

明治四十（一九〇七）年　三十歳

一月、長男東一が生まれる。四月、漱石、朝日新聞へ入社。七月、伊豆大島へ噴火口の調査に中村清二、石谷傳市郎と向かう。九月、『東京朝日新聞』に「話の種」を寄稿。

明治四十一（一九〇八）年　三十一歳

一月、『ホトトギス』に藪柑子の名で「障子の落書」が掲載。以降、この筆名を小品文に使用するようになる。五月、大河内正敏と弾丸の写真を撮る実験を始める。六月、「太鼓に就て」を数学物理学会で発表。九月、「歳時記新註」を『東京朝日新聞』に連載（全九回、十一月まで）。十月、「尺八の音響学的研究」に関する論文で理学博士の学位を授与される。十二月、「気圧の勾配と地震の頻度との関係に就て」を同学会で発表。

明治四十二（一九〇九）年　三十二歳

一月、東京帝国大学理科大学助教授に任命される。二月、次男正二が生まれる。三月、宇宙物理学研究のためヨーロッパ留学（神戸港より出発、友田鎮三と地理学のペンク教授も同船。ベルリンまでの洋行は寅彦作品「旅日記から」を参照）。五月、ベルリン大学で講義を聴講。八～九月、気象学、海洋学を中心とする見学旅行のため、ベルリンを発って、北ドイツ、ロシア、北欧に向かう。以降、各国各地の大学教室、気象台、研究所等を見学する。この年、イタリア、ナポリで越年（詳細は寅彦作品「先生への通信」を参照）。

明治四十三（一九一〇）年　三十三歳

四～五月、イギリス、ロンドンに滞在。九月、スイ

スと南ドイツへ旅行。十月、ベルリンからゲッティンゲンへ移り越年。

明治四十四(一九一一)年　三十四歳

二〜三月、ゲッティンゲンよりパリとブリュッセルを経由してロンドンへ移る。五月、アメリカ、ニューヨークへ向かう。六月、帰国(横浜港へ到着)。十一月、「地球内部の構造に就て」を日本天文学会例会で講演。同月、本郷区向ヶ岡弥生町二に居を定める。

明治四十五・大正元(一九一二)年　三十五歳

五月、次女弥生が生まれる。七月、大正に改元。十月頃、ラウエのX線回折現象に関する論文を読む。その後、医学部から装置を借りてX線解析の実験に取り組む。

大正二(一九一三)年　三十六歳

一月、『海の物理学』(Umi no Buturigaku)ローマ字書きを出版。三月および四月、「X線と結晶」(英文)をNature誌に発表。五月、「X線の結晶内透過に就て」(英文)を数学物理学会で発表。八月、父利正死去。

大正三(一九一四)年　三十七歳

九月、宇宙物理学の講義開始。

大正四(一九一五)年　三十八歳

一月、長岡半太郎を訪ね物理学生に認識論を課すことを相談、帰りに漱石を訪問。二月、『地球物理学』を出版。同月、ポアンカレの翻訳「事実の選択」が『東洋学芸雑誌』に掲載。同月、三女雪子が生まれる。七〜八月、ポアンカレの翻訳「偶然」が『東洋学芸雑誌』に掲載。九月、気象学講義と地球物理学演習を開始。この年から大正六年頃にかけて哲学問題に興味を持ち、ベルグソンやカント等の関連書籍を読み始める。

大正五(一九一六)年　三十九歳

七月、大学卒業式で、X線による原子配列を示す実験を天覧に供する。十一月、東京帝国大学理科大学教授に任命される。十二月、胃潰瘍のため安静の診断を受ける。同月、漱石死去。(この年の日記末尾に「歳晩所感　夏目先生を失ふた事は自分の生涯に取って大きな出来事である」と記す。)同月三〇日、「物理学の基礎」を執筆開始。

大正六(一九一七)年　四十歳

一月、『漱石全集』の編集委員となる。七月、帝国学士院より「ラウエ映画の実験方法及其説明に関する研究」に対し恩賜賞を授与される。十月、妻寛子死去(三十一歳)。十一月、漱石俳句選集で松根東洋城、小宮豊隆と会談。十二月、津田青楓との交遊が始まる。

大正七（一九一八）年　四十一歳

四月、本郷区曙町十三番地ろノ五号の新居へ移る。同月、航空研究所兼任となる。八月、酒井紳子（三十三歳）と結婚。十二月、中学時代の恩師、蓑田長政の告別式に行く（寅彦作品「蓑田先生」参照）。

大正八（一九一九）年　四十二歳

十二月、大学で胃潰瘍のため吐血し、大学病院へ入院、次第に快方し、年末退院。

大正九（一九二〇）年　四十三歳

この年は大学を休職し静養。この頃は読書、随筆、絵画にいそしむほか、気象の計算（風の問題）を行うようになる。十一月、「物理学序説」を起稿開始。この年から、多くの随筆は吉村冬彦の筆名を使い始める（寅彦作品「小さな出来事」参照）。

大正十（一九二一）年　四十四歳

この年も静養を続け、ローマ字文も多く手がける。五月、甥の別役亮が死去（寅彦作品「亮の追憶」参照）。七月、航空研究所所員になる。十一月、休職後、初めて出校し、気象学演習を開始。十二月、松根東洋城、小宮豊隆と共に漱石俳句研究会を始める（『渋柿』誌上に連載）。この頃から連句への発展も始まった。

大正十一（一九二二）年　四十五歳

五月、「茶碗の湯」が『赤い鳥』に掲載。九月、「地震の頻度と太陽活動」（英文）を数学物理学会で発表。十一月、アインシュタイン来日。講義を聴き、歓迎会にも出席。十二月、弘田龍太郎についてバイオリンを習い始める。この年より連句制作の端緒や芭蕉研究会への興味が認められる（小宮豊隆宛書簡）。

大正十二（一九二三）年　四十六歳

一月、『冬彦集』を出版。二月、『藪柑子集』を出版。同月、松根東洋城と「日本文学の諸断片」として連句の研究を始める（『渋柿』誌上に連載）。九月、二科会展覧会を津田青楓と見物中に関東大震災に遭う。以後、震災の調査にあたる。十一月、「旋風に就て」を土木学会で講演。十二月、「九月一日二日に起りたる旋風に就て」を航空学談話会で話す。

大正十三（一九二四）年　四十七歳

二月、「伊吹山の句について」が『潮音』に掲載。同月、「九月一日二日の旋風に就て」を数学物理学会で発表。五月、理化学研究所研究員になる。同月、「大正十二年九月一日の地震に就て」を地質学会で講演。六月、松根東洋城と連句を作る。九月一日、「火災と気象と

の関係」を消防茶話会で講演。

大正十四（一九二五）年　四十八歳

二月、前年の海外留学から帰国した小宮豊隆と松根東洋城の三人で、芭蕉連句研究の会合を開く（それまで寅彦と東洋城で連句は続けていた）。五月、「燃焼の伝播に就て」を数学物理学会で発表。六月、帝国学士院会員（地球物理学部員）になる。七月、『漱石俳句研究』（松根豊次郎・小宮豊隆と共著）を出版。十月、最初の歌仙「水団扇」が『渋柿』誌に掲載（松根東洋城との両吟）。これ以降も約五十巻ほど続く。この年、酒井悌についてセロを習い始める。フレンチホルンとコルネットも購入。

大正十五・昭和元（一九二六）年　四十九歳

この年、理学部で「物理学に於ける統計的現象」および「火災論」の特別講義を開始。一月、東京帝国大学地震研究所所員を兼任。六月、母亀死去。同月、「砂の崩れ方」を地震研究所談話会で発表。八月、松根東洋城と連句（塩原でも会う）。十二月二十五日、昭和に改元。この年は、ほぼ毎月一回は松根東洋城と連句。

昭和二（一九二七）年　五十歳

三月、地震研究所所員専任となり、理学部では特別講義を受け持つ。後日、この時のことを「身を捨てて浮ぶ瀬ありし月と花」と詠む。同月、「砂の崩れ方の話」（宮部と共著）を地震研究所談話会で発表。七月、甥伊野部重彦死去、高知へ行き、これが最後の帰郷となる。同月、仙台に行き、松島に遊ぶ。小宮豊隆と連句。八月、松根東洋城、小宮豊隆、津田青楓と塩原で連句。十月、「砂の崩壊に就て」（宮部と共著）を地震研究所談話会で発表。

昭和三（一九二八）年　五十一歳

二月、中谷宇吉郎、欧州留学（昭和五年二月帰国）。その後任の助手として平田森三が理化学研究所寺田研究室助手に加わる（平田森三「中谷宇吉郎の研究」）。三月、酒田へ測地学委員会の用件で赴き、「羽越紀行」（寅彦の「奥の細道」）を物する。五月、「夏目先生の俳句と漢詩」が『漱石全集』第十三巻（月報第三号）に掲載。この頃から、バイオリンを水口幸磨について習い始める。八月、「ルクレチウスと科学」を執筆。九月、「地震帯に就て」を地震研究所談話会で発表。

昭和四（一九二九）年　五十二歳

三月、「砂層の崩壊に関する実験」（宮部と共著）を地震研究所談話会で発表。四月、『万華鏡』を出版。

同月、小宮豊隆の上京により寺田家で連句の会。この頃から、映画を見るようになり、のちに映画評論、モンタージュ論など、連句との関係を論ずるようになる。

昭和五（一九三〇）年　五十三歳

六月、内ヶ崎直郎と「破れ目」の研究を始める。九月、秦野へ震生湖（地震の跡）を見に行き、句作もする。十二月、「地震に伴う光の現象」を地震研究所談話会で発表。この頃より、地震に伴う光物について調べ始める。

昭和六（一九三一）年　五十四歳

一月、幸田露伴を初めて訪問（小宮豊隆同席）。二月、落椿の力学とその進化論的意義の研究を始める（藤岡由夫宛書簡）。三〜十二月、「連句雑俎」が『渋柿』誌に連載。毎週金曜日には、航空研究所（前年に越中島から駒場へ移転）の帰りに新宿で松根東洋城と連句をするようになる。四月、「地震と雷雨の関係」を地震研究所談話会で発表。五月、「火災の物理的研究（第一報）」（内ヶ崎と共著）を理化学研究所学術講演会で発表。六月、「ワレメに就て」を地震研究所談話会で発表。七月、「地震群に就て」を同会で発表。八月、欧州留学中にやっていた玉突き（ビリヤード）を始める。十月、アーレニウスの翻訳『史的に見たる科学的宇宙観の変遷』を出版。十一月、「山林火災と不連続線」（内ヶ崎と共著）を理化学研究所学術講演会で発表。

昭和七（一九三二）年　五十五歳

一月、「地震と漁獲」（渡部と共著）を地震研究所談話会で発表。三月、長男東一が東京帝国大学を卒業し、中谷宇吉郎のいる北海道帝国大学理学部助手になる。三女雪子は三輪田高等女学校を卒業し、四月に文化学院へ入る。五月、「椿の花の落ち方に就て」（内ヶ崎と共著）を理化学研究所学術講演会で発表。六月、『続冬彦集』を出版。八月、「天文と俳句」が『俳句講座』第七巻に掲載。九月、田丸卓郎死去。同月末より十月初めにかけて、北海道帝国大学理学部で地球物理学に関する講義を行うため札幌に滞在、途中仙台に泊まり、小宮豊隆と会う。十一月、「俳諧の本質的概論」が『俳句講座』第三巻に掲載。同月、「墨流しの現象」（内ヶ崎と共著）を理化学研究所学術講演会で発表。同月末頃より藤岡由夫（セロ）と坪井忠二（ピアノ）と共に合奏を行うようになる（寅彦はバイオリ

ン）。十二月七日、三女雪子が鎖骨を折る怪我（九日入院、翌年一月十三日退院）。以降、子供の身になって「雪子の日記」を年始まで記録。十三日に藤の実の射出に遭遇し、その後つぶさに検証・確認する。

昭和八（一九三三）年　五十六歳

一月、「鎖骨」が『工業大学蔵前新聞』に掲載。二月、「藤の実」が『鐵塔』に掲載。同月、「銀座アルプス」が『中央公論』に掲載。四月、「病院風景」が『文学青年』に掲載。五月、「藤の実の射出される物理的機構」（平田・内ヶ崎と共著）、「墨汁皮膜の硬化に及ぼす電解質の影響」（内ヶ崎と共著）、「墨汁粒子の毛管電気現象」（山本と共著）を理化学研究所学術講演会で発表。同月、「統計に因る地震予知の不確定」を地震研究所談話会で発表。六月、『柿の種』を出版。同月、「地震予知の不確定度に就て」（英文）を帝国学士院で発表。七月、沓掛の星野温泉へ行く（子供達は先行）。八月、再び星野温泉へ（約一週間程滞在）。十月、『物質と言葉』を出版。同月、夫人同伴で伊香保へ行く。十一月、「墨汁粒子の電気的諸性質（続報）」（山本・渡部と共著）を理化学研究所学術講演会で発表。十二月、『蒸発皿』と『地球物理学』（大正四年出版の改訂版）（坪井忠二と共著）を出版。この頃から時々郊外へドライブをする。

昭和九（一九三四）年　五十七歳

二月、平田森三宛に「豆の模様を球面にアップビルドする方法」を伝える。この方法は、後に猫の斑を調べる際に用いられている。同月、「粉末堆層の破壊に関する実験」を地震研究所談話会で発表。三月、「俳諧瑣談」が『俳句研究』に掲載。四月、渡邊慧宛に「墨汁のつづきや割れ目と生命、キリンの縞や蝶や蝿の膜翅の気脈の分布」の研究について知らせる。五月、「割れ目と生命」、「墨汁の諸性質（第三報）」（山本・渡部と共著）を理化学研究所学術講演会で発表。同月、三月二十一日にあった「函館の大火に就て」随筆を書く。七月、星野温泉に約一週間程滞在（子供達は先行）。八月、再び星野温泉に約一週間程滞在。九月、三たび星野温泉に三日程滞在。同月末、上高地へ夫人と行く。十一月、「破片」が『中央公論』に、「俳句の型式とその進化」が『俳句研究』に掲載。同月、「墨汁の諸性質（第四報）」（山本・渡部と共著）、「二三の生理光学的現象」（山本・渡部と共著）を同講演会で発表。十二月、『触媒』を出版。

昭和十（一九三五）年　五十八歳

四月、「コロイドと地震学（第一報）」を地震研究所談話会で発表。同月、次女弥生と三女雪子を伴い、箱根からバスで熱海へ遊ぶ（寅彦作品「箱根熱海バス紀行」参照）。五月、「割れ目と生命（第二報）」（渡部と共著）、「墨汁の諸性質（第五報）」（山本・渡部と共著）を理化学研究所学術講演会で発表。七月、『蛍光板』を出版。同月、星野温泉に五日程滞在、月末に再び五日程滞在し、この時は家族と別でグリーンホテルで「日本人の自然観」を執筆。八月、三たび星野温泉に一週間程滞在、月末に四たび星野温泉に三日程滞在、行きの車中で松根東洋城と遭遇し、車中連句を作る。九月、帰ると間もなく脚・腰に痛みを覚える。中旬から床に就く。同月中旬、「浅間山爆発実見記」を地震研究所談話会で発表し、これが学会での最後の自らの講演となる。十月、「俳句の精神」が『俳句作法講座』第二巻に掲載。同月、脊椎骨に損傷があることがわかり、絶対安静となる。十一月、「墨汁の諸性質（第六報）」（山本・渡部と共著）を理化学研究所学術講演会で発表（代読）。同月、幸田露伴と小林勇が見舞に来る。同月、三女雪子結婚。十二月二十七日、長男東一と小野礼子の婚約成立。三十一日、転移性骨腫瘍で死去。

昭和一一（一九三六）年

一月、谷中にて告別式（神式）。遺骨は高知市東久万の代々の墓地に埋葬。三月、『橡の実』を出版。

※年譜作成にあたり、『寺田寅彦全集』（新版・岩波書店）および『寺田寅彦』（矢島祐利著、岩波書店）を参照しました。

（監修：川島禎子／高知県立文学館主任学芸員）

寺田寅彦（てらだ・とらひこ）

1878 ～ 1935 年。物理学者、随筆家。東京帝国大学理科大学教授、航空研究所兼任、理化学研究所研究員、東京帝国大学地震研究所所員を歴任。熊本第五高等学校時代に夏目漱石に俳句の指導を、田丸卓郎にバイオリンの影響を受ける。ミクロからマクロまで多くの自然現象に深い関心を持ち、複雑系や形の科学の流れを先取りするスタイルで研究を進めた。物理の本質を見抜く洞察と科学的精神はルクレチウスを彷彿する。豊かな表現力で創作された数々の随筆作品は日本文学でも高く評価されている。晩年は特に、松根東洋城と小宮豊隆との俳諧連句の作を多く残した。この他、絵画や音楽、写真、映画など芸術へ注いだ情熱も高かった。これらの衣鉢は、中谷宇吉郎をはじめ、平田森三、宇田道隆、藤原咲平、藤岡由夫、坪井忠二、矢島祐利、渡辺慧といった多くの門下に受け継がれた。主な著書は『藪柑子集』『冬彦集』『蒸発皿』『万華鏡』『物質と言葉』『地球物理学』『海の物理学』（ローマ字書き）など多数。郷里の高知県高知市には「高知県立文学館 寺田寅彦記念室」や「寺田寅彦記念館」がある。

平田森三（ひらた・もりそう）

1906 ～ 1966 年。物理学者。東京帝国大学理学部物理学科卒業。理化学研究所研究員、東京帝国大学工学部講師、東京帝国大学理学部助教授、東京帝国大学第二工学部教授、東京大学理学部教授、東京大学生産技術研究所教授併任（1951 年～）、宇宙線観測所初代所長、東京大学低温センター初代センター長、日本物理学会会長、応用物理学会会長を歴任。寺田寅彦の薫陶を受け、その物理研究の伝統でもある「割れめ」の研究や独自の統計的手法に基づく研究で成果を挙げた。特に、「キリンの斑（まだら）模様」や「捕鯨用の銛（もり）に関する研究」（「平田銛」の発明）においては、その観察眼と洞察の深さを見事に発揮した。寅彦から受け継いだ「割れ目と生命」の問題は、「キリンの斑模様」から「藤の実の射出」「藤の莢の剛性」を経て「うずら豆の模様」へと発展していった。研究以外にも、研究所や学会などの創設にも尽力し、その発展に貢献した。主な著書は、『キリンのまだら―自然界の統計現象』（中央公論社、現中央公論新社）（2003 年に早川書房より表題の一部を変え文庫化）などがある。

山田 功（やまだ・いさお）
1941年、名古屋市生まれ。愛知県立高校教員（物理）を経て現在、寺田寅彦記念館友の会副会長、および中谷宇吉郎雪の科学館友の会幹事。主な著書に『教科書に掲載された寺田寅彦作品を読む』（リーブル出版）、『本と私』（岩波新書、「寺田寅彦の自想本」を執筆）がある。2006年に「セロファンで折った雪の結晶を偏光板でみる装置」で学研科学大賞奨励賞を受賞。2019年には写真展「彩氷」（薄氷の偏光写真）を中谷宇吉郎雪の科学館で開いた。

松下 貢（まつした・みつぐ）
1943年生まれ。東京大学大学院理学系研究科物理学博士課程修了。理学博士。日本電子開発部、東北大学助手、中央大学教授を歴任。中央大学名誉教授。専門は複雑系科学。主な編著書に、『統計分布を知れば世界が分かる―身長・体重から格差問題まで』（中公新書）、『フラクタルの物理Ⅰ・Ⅱ』『物理学講義』シリーズ（裳華房）、『生物に見られるパターンとその起源』（東京大学出版会）などがある。趣味は簡単な肴を作り、ハタハタ寿司、豆腐のもろみ漬けなどの発酵食品はネットで取り寄せ、全国各地の地酒で家飲みすること。

工藤 洋（くどう・ひろし）
1964年生まれ。京都大学大学院理学研究科植物学専攻博士課程修了。博士（理学）。米国スミソニアン環境研究センター研究員、東京都立大学理学部生物学科助手、神戸大学理学部生物学科准教授を歴任。京都大学生態学研究センター教授。専門は植物生態学、分子生態学、植物の季節応答のしくみを研究。主な編著書に『エコゲノミクス―遺伝子から見た適応』がある。趣味は登山と自然観察。

川島禎子（かわしま・さちこ）
1976年生まれ。筑波大学大学院博士課程人文社会科学研究科修了。文学博士。現在、高知県立文学館主任学芸員。専門は明治文学。共著書に『科学絵本　茶わんの湯』（窮理舎）がある。高知県立文学館では、紀貫之から有川ひろまで、高知の独特な風土が生み出した多士済々な文学者の資料をローテーション方式で展示し、さらに寺田寅彦記念室、宮尾登美子の世界などの特別室を設けている。

寺田寅彦「藤の実」を読む

2021 年 12 月 31 日　初版第 1 刷発行

著　者　山田 功　松下 貢　工藤 洋　川島禎子
発行者　伊崎修通
発行所　窮理舎
〒 326-0824　栃木県足利市八幡町 487-4
電話　0284-70-0640　　FAX　0284-70-0641
https://kyuurisha.com
印刷・製本　精興社
装　　丁　奥定泰之

ISBN 978-4-908941-31-3　C3040

科学絵本　茶わんの湯

文　寺田寅彦　　解説　髙木隆司／川島禎子　　絵　髙橋昌子

A5判横　上製　104頁　本体2000円（＋税）
ISBN 978-4-908941-14-6 ／ C0740

第39回寺田寅彦記念賞受賞作品
（高知県文教協会主催）

「ここに茶わんが一つあります。中には熱い湯がいっぱいはいっております。」

やさしく語りかけるように始まる寺田寅彦の名作「茶わんの湯」。

本書は、寺田寅彦の科学随筆の名品「茶碗の湯」を、挿絵を織り交ぜながら再編集した絵本版に加え、児童文学雑誌『赤い鳥』に掲載された初出原文（図入り）に、科学解説と文学解説、そして門下の中谷宇吉郎の「『茶碗の湯』のことなど」（初出原文）を付録に添えた、いわば「茶碗の湯」の完全版です。

一杯の茶碗の湯という身近な現象を通して、自然を科学的に考え、文学的に捉え、芸術的に見る、3つの目を養うための一助となる絶好の書。

寺田寅彦『物理学序説』を読む

細谷暁夫　著

四六判　上製　312頁　本体3200円（＋税）
ISBN 978-4-908941-24-5 ／ C3042

夏目漱石の高弟として多くの名随筆を残した寺田寅彦が、物理学者として、そのエッセンスをまとめた未完の集大成が『物理学序説』です。

本書は、“物理学者 寺田寅彦”の方法序説ともいえる『物理学序説』を、現代物理学の視点から新たに読み解き、文学者の千葉俊二氏との対談では、寅彦の物理学への思想の背景にあった漱石との関係などを、文学や歴史の観点から探っていきます。

『物理学序説』原文および注釈に加え、門下の中谷宇吉郎による後書や、寅彦訳ポアンカレの「偶然」等の附録も充実させて収載。

物理学を学ぶ人、研究する人、それぞれが自身の物理観を育て、反省する上での格好のビタミン剤となる書。

窮理舎刊

JN016314